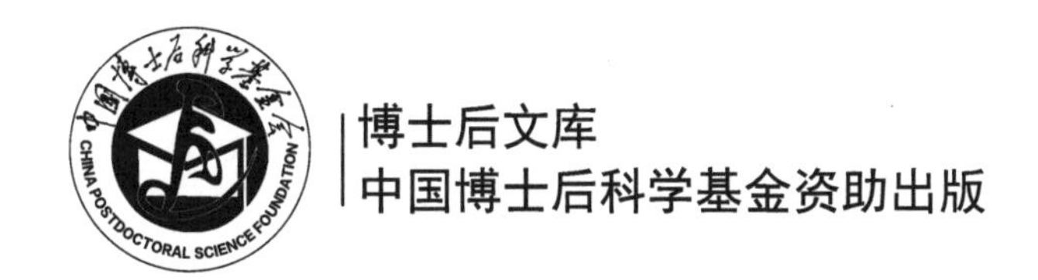


# 夏闲期耕作模式与旱地麦田固碳效应

薛建福 著



科学出版社
北 京

## 内 容 简 介

以夏闲期深翻或深松、施用有机肥及秸秆还田为核心的蓄水保墒技术是黄土高原东部旱地小麦生产的主推技术之一。本书主要介绍了不同夏闲期耕作模式对黄土高原东部旱地麦田土壤质量和土壤固碳效应的影响，分析了不同夏闲期耕作模式下土壤物理、化学和生物学（理化生）性状的变化规律及其层化率，重点分析了夏闲期不同耕作模式下土壤有机碳及其组分的变化规律和层化率，揭示了土壤理化生性状与有机碳库的相互关系，解析了山西省小麦生产的碳足迹及不同夏闲期耕作模式下旱地小麦生产的碳足迹，以期为实现旱地麦田“蓄水”与“固碳”双赢、推进有机旱作农业发展及实现碳中和重大战略目标提供一定的理论依据与技术支撑。

本书可作为高等院校、科研院所的本科生、研究生，以及农学、土壤学和生态学从事农田土壤固碳研究的科研人员的参考书。

**图书在版编目（CIP）数据**

夏闲期耕作模式与旱地麦田固碳效应 / 薛建福著. —北京：科学出版社，2023.3

（博士后文库）

ISBN 978-7-03-073876-9

Ⅰ. ①夏… Ⅱ. ①薛… Ⅲ. ①旱地－小麦－栽培技术－研究 Ⅳ. ①S512.1

中国版本图书馆 CIP 数据核字（2022）第 221379 号

责任编辑：岳漫宇 / 责任校对：杨　赛
责任印制：吴兆东 / 封面设计：刘新新

科学出版社 出版
北京东黄城根北街 16 号
邮政编码：100717
http://www.sciencep.com
北京建宏印刷有限公司 印刷
科学出版社发行　各地新华书店经销
*
2023 年 3 月第　一　版　开本：B5（720×1000）
2023 年 3 月第一次印刷　印张：8 3/4
字数：176 000

**定价：128.00 元**

（如有印装质量问题，我社负责调换）

# “博士后文库”序言

1985 年，在李政道先生的倡议和邓小平同志的亲自关怀下，我国建立了博士后制度，同时设立了博士后科学基金。30 多年来，在党和国家的高度重视下，在社会各方面的关心和支持下，博士后制度为我国培养了一大批青年高层次创新人才。在这一过程中，博士后科学基金发挥了不可替代的独特作用。

博士后科学基金是中国特色博士后制度的重要组成部分，专门用于资助博士后研究人员开展创新探索。博士后科学基金的资助，对正处于独立科研生涯起步阶段的博士后研究人员来说，适逢其时，有利于培养他们独立的科研人格、在选题方面的竞争意识以及负责的精神，是他们独立从事科研工作的“第一桶金”。尽管博士后科学基金资助金额不大，但对博士后青年创新人才的培养和激励作用不可估量。四两拨千斤，博士后科学基金有效地推动了博士后研究人员迅速成长为高水平的研究人才，“小基金发挥了大作用”。

在博士后科学基金的资助下，博士后研究人员的优秀学术成果不断涌现。2013 年，为提高博士后科学基金的资助效益，中国博士后科学基金会联合科学出版社开展了博士后优秀学术专著出版资助工作，通过专家评审遴选出优秀的博士后学术著作，收入“博士后文库”，由博士后科学基金资助、科学出版社出版。我们希望，借此打造专属于博士后学术创新的旗舰图书品牌，激励博士后研究人员潜心科研，扎实治学，提升博士后优秀学术成果的社会影响力。

2015 年，国务院办公厅印发了《关于改革完善博士后制度的意见》（国办发〔2015〕87 号)，将“实施自然科学、人文社会科学优秀博士后论著出版支持计划”作为“十三五”期间博士后工作的重要内容和提升博士后研究人员培养质量的重要手段，这更加凸显了出版资助工作的意义。我相信，我们提供的这个出版资助平台将对博士后研究人员激发创新智慧、凝聚创新力量发挥独特的作用，促使博士后研究人员的创新成果更好地服务于创新驱动发展战略和创新型国家的建设。

祝愿广大博士后研究人员在博士后科学基金的资助下早日成长为栋梁之才，为实现中华民族伟大复兴的中国梦做出更大的贡献。

中国博士后科学基金会理事长

# “博士后文库”序言

1985年，在李政道先生的倡议和邓小平同志的亲切关怀下，我国建立了博士后制度，同时设立了博士后科学基金。30多年来，在党和国家的高度重视下，在社会各方面的关心和支持下，博士后制度为我国培养了一大批青年高层次创新人才。在这一过程中，博士后科学基金发挥了不可替代的独特作用。

博士后科学基金是中国特色博士后制度的重要组成部分，专门用于资助博士后研究人员开展创新探索。博士后科学基金的资助，对正处于独立科研生涯起步阶段的博士后研究人员来说，适逢其时，有利于培养他们独立的科研人格、在选题方面的竞争意识以及负责的精神，是他们独立从事科研工作的“第一桶金”。尽管博士后科学基金资助金额不大，但对博士后青年创新人才的培养和激励作用不可估量。四两拨千斤，博士后科学基金有效地推动了博士后研究人员迅速成长为高水平的研究人才，“小基金发挥了大作用”。

在博士后科学基金的资助下，博士后研究人员的优秀学术成果不断涌现。2013年，为提高博士后科学基金的资助效益，中国博士后科学基金会联合科学出版社开展了博士后优秀学术专著出版资助工作，通过专家评审遴选出优秀的博士后学术著作，收入“博士后文库”，由博士后科学基金资助、科学出版社出版。我们希望，借此打造专属于博士后学术创新的旗舰图书品牌，激励博士后研究人员潜心科研，扎实治学，提升博士后优秀学术成果的社会影响力。

2015年，国务院办公厅印发了《关于改革完善博士后制度的意见》（国办发〔2015〕87号），将“实施自然科学、人文社会科学优秀博士后论著出版支持计划”作为“十三五”期间博士后工作的重要内容和提升博士后研究人员培养质量的重要手段，这更加凸显了出版资助工作的意义。我相信，我们提供的这个出版资助平台将对博士后研究人员激发创新智慧、凝聚创新力量发挥独特的作用，促使博士后研究人员的创新成果更好地服务于创新驱动发展战略和创新型国家的建设。

祝愿广大博士后研究人员在博士后科学基金的资助下早日成长为栋梁之才，为实现中华民族伟大复兴的中国梦做出更大的贡献。

中国博士后科学基金会理事长

# 前　　言

目前，气候变化已成为全球各界人士关注的焦点，积极应对气候变化已成为全球共识。2020 年 9 月，习近平总书记在第七十五届联合国大会一般性辩论上宣布："中国将提高国家自主贡献力度，采取更加有力的政策和措施，二氧化碳排放力争于 2030 年前达到峰值，努力争取 2060 年前实现碳中和"。从长远来看，实现碳中和这一战略目标必然要求我国在碳捕集或封存技术方面进行创新，以消除当前大气中的二氧化碳。土壤碳封存被认为是消除大气二氧化碳经济可行的重要途径之一。全球旱地面积约占陆地总面积的 47.2%，具有很大的固碳潜力。因此，加强旱地土壤碳封存关键技术研究是我国实现碳中和目标的重大科技需求。

土壤水分是影响旱作农业生产及旱地土壤有机碳（SOC）周转与封存重要的因素之一。小麦是我国三大粮食作物之一，旱地冬小麦在黄土高原地区农业生产中占有非常重要的地位。旱作冬小麦种植区域的自然降水主要集中在 7～9 月，与小麦生长需水期极不吻合。以夏闲期耕作等农作措施为核心的旱地麦田蓄水保墒技术作为农业主推技术在西北地区得到广泛推广。该技术能够有效蓄积夏闲期降水，增加播前底墒水，实现"夏雨麦用"，促进冬小麦稳产甚至增产。然而，旱地麦田蓄水保墒技术在实现土壤蓄水的同时，关于 SOC 周转过程及其驱动机制却知之甚少。

本书立足于以上问题，在前期土壤水分时空变化规律与积耗的研究基础上，着重研究了旱地麦田土壤物理、化学和生物学（理化生）性状的变化规律及其层化率，重点分析了不同耕作模式下土壤有机碳及其组分的变化规律和层化率，揭示了土壤理化生性状与有机碳库的相互关系，解析了山西省小麦生产的碳足迹及不同夏闲期耕作模式下旱地小麦生产的碳足迹。本书中所包含的研究成果能够为改善黄土高原东部旱地麦田土壤质量、科学管理土壤有机碳库、实现旱地麦田"蓄水"与"固碳"双赢、推进有机旱作农业发展及实现碳中和目标提供理论依据与技术支撑。

本书内容主要是中国博士后科学基金面上项目"基于旱地麦田保墒蓄水技术的土壤固碳机制研究（2015M581322）"和特别资助项目"旱作麦田蓄水保墒技术下土壤团聚体形成及固碳机制研究（2017T100169）"的成果，在此表示诚挚感谢！

本书本着兼顾基础研究、侧重实际应用的宗旨，力求内容简明、深入浅出，便于读者的理解和实际应用。因作者水平有限，书中难免存在疏漏之处，恳请读者批评指正。

薛建福

2022 年 10 月

# 前言

# 目　　录

# 第1章 绪　论

## 1.1 研究背景和意义

全球气候变化是当今世界所面临的严峻挑战之一，对全球农业生产与粮食安全有着深远的影响（Wheeler and von Braun，2013），努力应对气候变化已成为全球各界人士的共识。土壤是田间作物赖以生长且为全球人类提供衣食的媒介（Lal，2015）。土壤质量直接影响作物生产力，不合理的农作管理措施可导致土壤退化，进而引起土壤质量下降，维持并进一步改善土壤质量是当前国内外众多科学家所关注的焦点问题。土壤有机碳是表征土壤肥力状况的重要指标，其直接影响土壤质量和作物生产状况。另外，农田土壤也是全球陆地生态系统中最大的有机碳库载体（Lal，2004b，2018），是全球重要的固碳场所（IPCC，2013），其相对较小的变化会对大气中$CO_2$的浓度和气候变化产生重大影响（Davidson and Janssens，2006；Chabbi et al.，2017；Sanderman et al.，2017）。目前，全球旱地面积约占陆地总面积的47.2%，其表面1 m土层中有机碳储量约占总储量的15.5%，具有很大的固碳潜力（Lal，2004a）。而在旱地农业生产过程中存在水资源匮乏、土壤退化及作物产量波动大等问题，且在未来气候情景下，全球旱地面积可能会进一步扩大（Huang et al.，2016），旱地农业生产面临更加严峻的挑战。如何通过有效的农作管理措施改善旱地土壤质量、增加土壤固碳，对于缓解气候变化及旱地农业的可持续发展有重要意义。土壤耕作、秸秆还田、施肥等农作管理措施，能够改变土壤的物理、化学及生物学特性，影响土壤质量和土壤有机碳周转，进而影响作物生产力。据统计，我国旱作农田面积约占总耕地面积的51.2%（中华人民共和国国家统计局，2017），提升旱作农业区作物生产力对于保障我国粮食安全有重要的意义。土壤水分是旱作农业生产中最为关键的因子，提高自然降水利用效率、增强土壤蓄水能力是实现旱作地区作物稳产丰产的重要途径。在旱地土壤蓄水的同时，改善土壤质量、增加土壤固碳，对于旱地农业的可持续发展十分重要。此外，明确旱地土壤有机碳周转过程及其驱动机制，对于科学管理旱地土壤碳库、实现“千分之四全球土壤增碳计划”、促进旱地农业可持续发展及应对全球气候变化有重要意义（Yao et al.，2020）。

小麦是我国最主要的三大粮食作物之一，其中旱地小麦在西北地区农业生产中占有非常重要的地位。据统计，山西省小麦播种面积约占农作物播种面积的15.5%，其产量约占全省粮食产量的16.6%（山西省统计局和国家统计局山西调查总队，2021），其中旱地冬小麦播种面积约占山西省小麦总播种面积的60%（李廷亮等，2013）。然而，该区域降水主要集中于7～9月，与小麦生长需水期不相吻合。针对该问题，山西农业大学高志强团队在长期实践基础上，提出了在夏闲期进行“提前深翻或深松，提前深施有机肥，提前秸秆还田或覆盖”的“三提前”农作技术，该技术能够有效地蓄积夏闲期降水于土壤中，增加播前土壤的底墒水分，实现“夏雨麦用”，从而促进冬小麦实现增产稳产的效果（Zhao et al.，2013；高艳梅等，2015）。但是，当前的研究主要集中在分析不同夏闲期农作技术下土壤水分的时空变化及其积耗规律，而关于该技术下土壤质量、有机碳固定的效应及其相关机制并不清楚，开展相关的研究对于评价该技术下土壤质量及土壤固碳，对于科学管理旱地土壤、实现水碳储量的同步增加及提升作物生产力有重要意义。

## 1.2 国内外研究进展

### 1.2.1 耕作措施对土壤质量的影响

土壤质量是指在自然或管理的生态系统边界内，土壤具有动植物生产持续性，保持和提高水、气质量及支撑人类健康与生活的能力（李皎等，2014）。土壤质量不能够直接测定，但可以通过土壤质量指标来推测，以此来评价管理措施对土壤退化和保持的影响，用于监测与农业管理有关的可持续性和环境质量变化。土壤耕作、肥料施用和秸秆还田等农作管理措施能够改变土壤物理、化学及生物学特征，从而影响土壤质量及作物生产，合理的农作管理措施能够改善土壤质量，为农业的可持续生产提供保障。

土壤耕作对土壤水分、土壤容重、土壤孔隙结构及土壤团聚体等均有很大的影响，阐明其影响机制对于进一步改善土壤物理质量有重要意义。土壤容重是指示土壤物理质量最重要的指标之一，其与土壤孔隙结构、土壤水分及土壤有机质等有密切的关系（Dam et al.，2005）。关于耕作对农田土壤容重影响的研究已有很多，但是由于气候条件、土壤条件和其他管理措施等差异，不同研究的结果仍存在很大的争议。一般认为采用免耕措施由于机械压力及更少的扰动，较传统翻耕措施能够增加上层土壤容重（Alvarez and Steinbach，2009；Bhattacharyya et al.，2006；Yang and Wander，1999；Zhang et al.，2014），但亦有学者认为免耕措施下土壤容重并未增加甚至有降低的趋势（Anken et al.，2004；He et al.，2009；Strudley et al.，2008；Ussiri and Lal，2009；Zhang et al.，2016）。“三提前”农作技术以土壤耕作、秸秆还田等为核心，但关于该技术对土壤容重影响的研究并不多。

土壤耕作的强度与深度、秸秆还田的位置，对土壤孔隙分布特征有很大影响。一般免耕措施下土壤总孔隙度低于传统翻耕措施，且随着时间的延长这种效应更明显，但也有学者认为，由于免耕措施增加了表土有机质含量，从而增加了表层土壤的孔隙度（Kay and VandenBygaart，2002）。孔隙的大小、分布及连续性等对于土壤持水/释水性能亦有很大影响，耕作措施对孔隙大小的分布已有很大影响，但由于不同学者对孔隙大小的定义不同，并未得出一致的结论。这可能与气候条件、土壤质地、取样时间、种植制度及耕作机械的功率等差异有关（Tuzzin De Moraes et al.，2016）。

土壤团聚体是表征土壤质量最重要的指标之一，同时土壤团聚体的形成及其稳定性与土壤固碳能力有着密切的联系。土壤团聚体是土壤肥力的重要物质基础，也是土壤组成的重要部分，其时空分布及稳定性是土壤最重要的物理性质之一，也是土壤抗侵蚀能力的重要表现。土壤中胶结物质（包括有机的、无机的及有机无机结合的）对于土壤团聚体的形成与稳定性起着非常重要的作用。土壤团聚体的稳定性是土壤团聚体最重要的性质之一，Elliott（1986）认为，土壤微团聚体通过胶结形成大团聚体，进而造成大团聚体中有机碳含量较高，但其稳定性较差。土壤团聚体的稳定性受到诸多因素的影响，主要包括土壤有机质、土壤微生物、耕作模式和土地利用变化等。耕作模式通过改变土壤有机碳的分布和微生物的活动，能够引起土壤团聚体的分布及组成发生变化（Hernández-Hernández and López-Hernández，2002）。传统翻耕措施能够促使土壤团聚体的稳定性降低，减少土壤大团聚体的比例，增加土壤微团聚体的比例（Or and Ghezzehei，2002）。一般免耕措施能够促进表层土壤团聚体的形成，且能够提高其稳定性；而旋耕和翻耕措施则对土壤扰动较大，降低了耕作深度内土壤团聚体的团聚度和稳定性（Castro Filho et al.，2002），且旋耕和深翻措施使受团聚体保护的有机碳暴露出来。另外，与旋耕和深翻措施相比，免耕措施能够有效地增加土壤水稳性团聚体质量百分比及团聚体数量（Shukla et al.，2003）。目前，关于“三提前”农作技术下土壤团聚体分布及其稳定性知之甚少。

综上分析，土壤耕作与秸秆还田等农作措施对土壤结构特性有很大影响，但基于不同夏闲期耕作模式下旱地麦田土壤物理结构变化规律并不清楚；且土壤结构特性与水分的保持、供应及运动过程有着密切联系，但当前国内很少研究其相互的内在联系。

### 1.2.2 耕作措施对土壤有机碳库的影响

土壤有机质是土壤肥力的重要组成成分之一，是能够体现土壤肥力高低的重要指标之一，其对土壤物理、化学、生物学特征及作物生产力有着至关重要的作用（Gregorich et al.，1994）。土壤有机碳是土壤有机质最主要的构成，其动态平衡直接影响土壤肥力、作物生产及土壤固碳。在人类活动强烈的干扰之下，农作管理措施（如土壤耕作模式、秸秆还田等）能够改变农田土壤微生态环境，改变土壤有机碳的分布与周转，进而影响土壤的固碳能力。传统翻耕措施通过物理机械作用于耕层土壤，土壤受到强烈的扰动，土壤的“固相-液相-气相”三相得到重新分配，使得更多的土壤有机碳暴露于空气中，造成土壤有机碳矿化分解加快，进而导致土壤有机碳含量逐渐减少，最终降低了土壤有机碳储量。保护性耕作（如少免耕等）措施通过实施作物秸秆覆盖，减少了土壤扰动，降低了有机碳矿化分解，在一定程度上能够增加土壤有机碳含量（D’Andréa et al.，2004），但其增加量受到多种因素的影响，如气候条件、土壤类型、覆盖作物秸秆的种类、输入的秸秆生物量及其他农作管理措施（Ding et al.，2006；Santos et al.，2011）。耕作模式的转变改变了土壤的理化性状及生物学性状，进而影响了土壤养分循环和作物生产力。

传统翻耕措施对土壤进行着频繁的机械扰动，从而破坏土壤的结构，暴露出更多的土壤团聚体且促使其破碎，进而加速土壤有机碳的矿化分解使得土壤有机碳含量降低。而少免耕等保护性耕作减少了土壤扰动，并增加了地表秸秆的覆盖度，从而减少了土壤风蚀和水蚀，进而提高土壤有机碳含量，成为重要的土壤固碳技术之一（Zhang et al.，2014）。一般认为免耕等保护性耕作措施能够有效增加表层土壤有机碳的含量，但关于深层土壤有机碳的含量是否增加及其是否随耕作年限的延长而持续变化相关的结论仍未有统一看法（薛建福等，2013；张海林等，2009）。Kahlon 等（2013）进行 22 年的耕作试验发现，0～20 cm 土壤有机碳含量在免耕措施下较深翻措施增加了约 30%，且随秸秆覆盖量的增大，土壤有机碳含量逐渐增加。Ussiri 和 Lal（2009）基于 43 年的长期定位试验研究得出，免耕措施能够有效减少对土壤的扰动，降低土壤有机碳的矿化速率，进而显著增加 0～15 cm 土壤有机碳含量；但不同耕作措施间 15～30 cm 土壤有机碳含量差别不明显。在不同研究中，种植制度、秸秆还田量等因素的差异导致了农田碳源输入量的差异，且土样采集方法（土样层次、深度）、土壤质地及气候条件等因素的差别，亦可能导致在不同条件下秸秆腐解动态及土壤有机碳矿化等有所差异（Paustian et al.，1997；Puget and Lal，2005）。目前，关于夏闲期耕作对旱地麦田土壤有机碳含量影响的研究还未见报道，进行相关的研究对于科学管理旱地麦田土壤有机碳库有重要意义。

目前关于耕作措施对深层土壤有机碳含量影响的研究很少，且大多研究结果表明，不同耕作处理间的差异并不是很大（Baker et al.，2007），由于土壤质地类型与肥力状况、种植作物种类等试验条件的不同，研究结果间的差别较大。魏燕华等（2013）在华北平原冬小麦-夏玉米一年两熟区研究得出，与传统深翻措施相比，免耕秸秆还田措施显著增加了表层（0～10 cm）土壤有机碳含量，然而 10～50 cm 土层的有机碳含量有所降低，深层（50～110 cm）土壤有机碳含量差异不明显。Liu 等（2014）基于褐土进行长期定位耕作试验得出，与传统翻耕措施相比，长期免耕措施（17 年）显著增加了表层 0～10 cm 土壤有机碳的含量，而在 10～40 cm 土层则有机碳含量略有所降低，在＞40 cm 土层则对土壤有机碳含量影响不大。Blanco-Canqui 和 Lal（2008）研究认为，保护性耕作措施能够增加 0～10 cm 土壤有机碳含量，但对 10～60 cm 较深层的土壤有机碳含量影响不大，甚至有逐渐降低的变化趋势。VandenBygaart 等（2003）分析采集深度超过 30 cm 的土壤样品得出，与深翻措施相比，免耕措施下深层土壤有机碳含量较低。West 和 Post（2002）分析了全球 67 个长期定位耕作试验点的 276 对结果得出，绝大多数研究中的土壤有机碳取样深度较浅（＜30 cm），而作物的根系大多超过 30 cm，且植株地下根系对土壤固碳的贡献亦不容忽视（Wilts et al.，2004），深入研究深层土壤有机碳变化对于正确评价土壤固碳很有必要。了解不同夏闲期耕作措施下深层土壤有机碳的变化动态对于改善土壤质量及增加土壤固碳很有必要。

一般土壤有机碳大多以比较稳定的形态存在，而稳定态土壤有机碳在短期内很难反映出农作管理措施改变对土壤总有机碳的作用效果（Gregorich et al.，1994；Haynes，2000）。因此，了解土壤不同组分中有机碳含量的分布特征及变化规律，对于理解土壤有机碳库周转特征及进一步科学管理有非常重要的指导意义。一般土壤轻组有机碳或颗粒态有机碳对于耕作措施是比较敏感的，是能够较好反映土壤有机碳变化的指标，而土壤重组有机碳和矿物结合态有机碳则是更加稳定的有机碳组成，在一定程度上能够体现土壤的固碳效应，因此分析不同土壤组分中有机碳含量的变化对于准确评价土壤有机碳周转及固定具有重要意义（Chan et al.，2002）。相比较土壤有机碳的化学结构与功能，土壤有机碳的物理组分则更加敏感（Sequeira et al.，2011；Sohi et al.，2001；Zotarelli et al.，2007）。大多研究结果显示，少免耕措施能够增加表层土壤轻组有机碳和颗粒态有机碳（Malhi et al.，2011；Six et al.，1999；Tan et al.，2007）。Dikgwatlhe 等（2014）研究华北平原冬小麦-夏玉米种植系统得出，与传统深翻措施相比，免耕措施增加了 0～10 cm 土层轻组和重组土壤有机碳含量，而对＞10 cm 土壤组分有机碳含量影响不大。

土壤颗粒态与矿物结合态有机碳也能够表征土壤有机碳的周转动态。Chen 等（2009）研究得出，相比较传统深翻措施，免耕秸秆覆盖措施能够显著增加 0～15 cm 土层颗粒态有机碳含量，且其研究不同有机碳组分对土壤有机碳变化响应的敏感性得出，土壤颗粒态有机碳较土壤可溶性有机碳和土壤微生物量碳更加敏感。Liu 等（2014）基于 17 年的耕作定位试验研究得出，与传统深翻措施相比，免耕措施能够增加 0～10 cm 土层颗粒态有机碳含量，而对＞10 cm 土壤颗粒态有机碳含量的影响较小。综上内容，免耕措施能够增加表层 0～10 cm 土壤颗粒态有机碳含量，而对深层土壤颗粒态有机碳含量影响的研究较少且结论不统一。Gosling 等（2013）基于已发表的 150 篇文献，通过 Meta 多元回归分析法研究得出，耕作措施对土壤颗粒态有机碳和轻组有机碳含量影响不大。目前，关于耕作措施对土壤轻组有机碳和颗粒态有机碳的影响还没有统一的看法，不同的研究区域中研究结果差异较大（Six et al.，1999；Wander et al.，1998），农作制度、气候条件、土壤类型及秸秆还田量等诸多因素的差异可能是造成不同研究结果差异的主要原因。在论文撰写时，提倡规范并完善实施保护性耕作的详细方法介绍，并在此基础上进一步分析特定土壤、气候、种植制度等条件对土壤不同组分有机碳含量的影响，对于合理评价耕作措施对土壤有机碳及其组分含量变化的影响有非常重要的价值（Derpsch et al.，2014）。

一般来说，免耕措施能够增加表层 0～5 cm 土壤有机碳储量（Angers et al.，1997；Mishra et al.，2010；West and Post，2002），而对深层土壤有机碳储量则仍然没有统一的认识（Franzluebbers et al.，1994；Wander et al.，1998）。Liu 等（2014）基于山西临汾地区冬小麦-夏休闲种植制度下，在实施免耕措施 17 年后得出，相比较深翻措施，免耕措施下 0～60 cm 剖面土壤有机碳储量显著增加，而长期实施深翻措施则土壤有机碳储量变化不大；分析各土层有机碳储量认为，这主要是免耕系统碳源输入量的增加，从而导致 0～5 cm 和 5～10 cm 土层有机碳储量的大幅提高。Chen 等（2009）在黄土高原通过 11 年的耕作试验研究得出，免耕秸秆覆盖措施下 0～15 cm 土壤有机碳储量较传统翻耕措施能够增加约 13.7%。Zhao 等（2015）收集我国 84 对研究结果分析得出，从传统深翻不还田措施转换为免耕秸秆还田措施后，0～30 cm 土壤有机碳储量显著增加了 0.97 $Mg/hm^2$，但不同的耕作年限条件下增加量有所差异。亦有研究表明，延长免耕措施的实施年限能够有效地增加土壤有机碳含量从而提高土壤碳储量（Dalal et al.，2011；Ussiri and Lal，2009；West and Post，2002），但长期采用免耕措施在约 21 年后出现土壤“碳饱和”现象（West and Six，2007）。其他诸如土壤条件、气候条件、种植制度等方面的差异均可能造成土壤有机碳储量在剖面的分布及变化量的差异。目前，关于“三提前”农作技术下土壤有机碳储量的变化效应仍不清楚。

### 1.2.3 耕作措施对土壤层化率的影响

一般表层土壤中的有机质在控制侵蚀、水分渗透及养分保持等方面有重要作用，因此，土壤层化率被用来评价土壤质量与土壤生态功能（Franzluebbers，2002）。土壤耕作能够改变耕层结构，进而导致耕层土壤物理、化学和生物学（理化生）特征发生一定改变，如土壤孔隙结构（Kay and VandenBygaart，2002）、团聚体特征（Mrabet，2002）、有机碳含量（Franzluebbers，2002）等。一般深翻措施能够将土壤养分较为均匀地分布在耕层，而免耕等保护性耕作措施下作物秸秆覆盖于土壤表面，造成土壤养分在土壤表层富集，如土壤有机碳和氮素等，分析保护性耕作措施对土壤有机碳和氮素层化率的影响，有助于理解保护性耕作措施对土壤质量的影响。Franzluebbers（2002）综合分析认为，一般退化的土壤有机质层化率低于 2，较高的层化率表示土壤质量较好，免耕土壤有机碳和全氮层化率大于 2，而深翻则小于 2。研究表明，短期耕作措施（<9 年）对土壤氮素层化率影响不大，但随着年限的增加，免耕土壤氮素层化率显著高于深翻，且免耕实施 19 年后其比

率大于2（López-Fando and Pardo，2012）。Corral-Fernández等（2013）对西班牙85个土壤剖面分析得出，长期实施少免耕能够提高土壤有机碳、全氮及碳氮比的层化率，这可能是由于作物秸秆较根系更有助于增加土壤碳氮比，免耕措施秸秆覆盖于土壤表面，因此，土壤碳氮比随土壤深度的增加而降低，造成其层化率升高。Lou等（2012）分析认为，免耕措施下表层土壤有机碳的矿化分解较深翻措施有所降低，而相对增加土壤有机碳、全氮含量及碳氮比，造成其层化率升高。Sá和Lal（2009）研究得出，土壤有机碳的层化率能够作为土壤固碳的评价指标之一，相比较传统深翻措施，长期实施免耕措施能够增加土壤各组分的有机碳和全氮含量层化率，如土壤颗粒态有机碳和颗粒态氮、土壤矿物结合态有机碳和矿物结合态氮、土壤微生物量碳和微生物量氮等。孙国峰等（2010）在南方双季稻田研究得出，长期实施免耕措施后，实施旋耕或深翻等轮耕措施能够降低表层土壤有机碳含量，增加5～20 cm土层有机碳含量，进而导致耕层土壤有机碳层化率降低。土壤有机碳、全氮含量及碳氮比层化率的变化受诸多因素的影响，如气候条件、土壤类型、种植制度等（de Oliveira Ferreira et al.，2013；Melero et al.，2012）。因此，基于长期定位耕作试验，进一步分析不同耕作措施对旱地麦田土壤有机碳、全氮及碳氮比层化率的影响，对于评价耕作措施对旱地麦田土壤质量及土壤固碳作用的影响有重要价值。

### 1.2.4　作物碳足迹研究进展

自20世纪90年代以来，基于生态足迹的概念，碳足迹、水足迹、氮足迹等众多足迹概念被提出，用来表征人类活动施加于环境的压力大小（Fang et al.，2014）。碳足迹最早是英国提出，用来定量评价人类活动对气候变化的影响，并在众多科学家、非政府组织及新闻媒体的推动下迅速被广泛推广应用（Finkbeiner，2009）。Wiedmann和Minx（2008）定义碳足迹为，某项产品或服务在其“摇篮—坟墓”的生命周期内直接和间接造成的$CO_2$排放总量。在之后的完善发展中，大多数科学家则以$CO_2$当量为单位的温室气体排放量对其进行影响评价（Hillier et al.，2009）。当前国际上众多科学家对碳足迹的基本概念、内容及其核算方法等有较大分歧，经过国际标准化组织（International Organization for Standardization，ISO）组织众多科学家进行多年的交流与讨论，产品碳足迹计算的技术规程（ISO/TS，14067）应运而生，其将产品碳足迹定义为，基于生命周期评价方法（life cycle assessment，LCA），计算某产品生产系统内温室气体排放与消纳之和，并以$CO_2$当量形式表达，评价对气候变化的单一影响（ISO，2013；薛建福，2015）。近20年来，国际上关于产品和服务的碳足迹概念、方法及其应用发展特别快，但其在国内相关的研究及推广普及仍十分有限，正确合理地评价产品和服务的碳足迹及企业与个人的碳足迹对于降低我国温室气体排放有很重要的现实意义。

目前，国际上对农业系统及农产品碳足迹的研究越来越多，Dubey 和 Lal（2009）利用投入-产出方法评价并比较印度旁遮普邦与美国俄亥俄州农产品生产系统的碳足迹与碳可持续性得出，1990～2005 年间俄亥俄州农产品生产的碳可持续指数是旁遮普邦的 2.5 倍，这主要是由于该地区从 1989 年开始改传统翻耕为保护性耕作。Pathak 等（2010）利用生命周期方法研究了印度 24 种农产品的碳足迹得出，不同农产品的碳足迹差异较大，其中生产普通水稻造成的碳足迹是生产小麦的 10.2 倍、蔬菜的 43.3 倍；且大多数农产品的碳足迹构成中，87%来源于生产阶段，这主要是农资投入使用而造成的温室气体排放。近年来，国内关于农业生产系统的碳足迹及其构成要素的分析已取得部分研究成果（Cheng et al.，2011；Dong et al.，2013；Lin et al.，2015；王占彪等，2015），亦有一些学者开始针对我国主要农产品生产的碳足迹进行分析评价（Cheng et al.，2015；Xu et al.，2013）。Cheng 等（2011）分析 1993～2007 年我国作物生产系统碳足迹得出，每单位面积和单位质量的农业碳足迹平均约为 1.23 Mg $CO_2$-eq/hm$^2$ 和 0.17 kg $CO_2$-eq/kg，其中肥料是农业碳足迹最大的贡献者，占 60%左右。刘巽浩等（2013，2014）针对当前农业生态系统碳足迹计算方法中存在的利弊进行了分析，并进行了补充与改进，提出了适合我国实际情况的碳足迹评价方法，并以全国性农业生态系统和现代高效农业生态系统进行了案例分析。Cheng 等（2015）基于我国统计数据，再次评价了我国四大主要粮食作物（水稻、小麦、玉米和大豆）生产的碳足迹，其中基于单位面积和单位产量的水稻碳足迹分别为 9.06 Mg $CO_2$-eq/hm$^2$ 和 1.36 kg $CO_2$-eq/kg，远高于其他 3 种作物的碳足迹，其中 69%的碳足迹来源于稻田 $CH_4$ 排放，其次为施用氮肥（16%）和农田灌溉（7%）。而目前国际上已有部分学者开始分析不同农作技术措施对农产品碳足迹的影响（Gan et al.，2011，2012a，2012b，2012c，2012d，2014）。而国内针对农产品碳足迹的缓解技术措施进行的研究报道较少（Xue et al.，2014；Yang et al.，2014），且关于不同耕作措施对旱地小麦生产的碳足迹的影响报道更为少见。

## 1.3　存在的问题与不足

小麦是我国三大主要的粮食作物之一，旱地小麦在我国粮食生产中占有重要的地位，对于保障我国粮食安全至关重要。然而，我国旱地小麦种植区水资源短缺，土壤严重退化贫瘠，土壤有机碳含量普遍较低，作物生产力偏低，抵御气候变化风险的能力较弱。为解决旱地小麦生产中的缺水与低产问题，众多科学家进行了多年的研究探讨，总结出一些蓄水保墒的技术措施。有学者提出夏闲期深翻或深松、施用有机肥及秸秆还田的旱作小麦生产的技术体系，能够有效蓄积休闲期降水，增加旱地麦田土壤底墒水分，达到稳产、增产的效果，该技术是旱地小麦生产中主推技术之一。但目前基于该技术的研究主要集中在土壤水分分布与积耗规律、籽粒品质及产量方面。基于不同夏闲期耕作模式下旱地麦田土壤理化生性状的研究未见报道，进行相关的研究有助于进一步改善土壤质量与促进作物生产；另外，关于有机碳周转及其固定效应的机制有待深入研究，为科学管理旱地麦田土壤碳库提供一定的理论依据。此外，当前研究中有关山西省小麦生产碳足迹及旱地小麦生产的碳足迹很少涉及，进行相关的研究对于山西省小麦的低碳生产有非常重要的意义。

## 1.4 研究目标与研究内容

本研究基于不同夏闲期耕作模式定点试验，系统研究旱地麦田土壤理化生性状的变化规律及其层化率，重点分析不同耕作模式下土壤有机碳及其组分的变化规律及其层化率，揭示土壤理化生性状与有机碳库的相互关系，解析山西省小麦生产的碳足迹及不同夏闲期耕作模式下旱地小麦生产的碳足迹，旨在为该区域改善旱地麦田土壤质量、科学管理土壤有机碳库、改善土壤肥力及缓减气候变化等环境问题提供一定的理论依据与技术支撑。为此，本书将从以下方面进行研究。

### 1.4.1 不同夏闲期耕作模式下旱地土壤理化生性状的变化规律

主要研究不同夏闲期耕作模式下，旱地麦田的土壤容重、孔隙度、水分、轻组分和重组分、团聚体等物理性状；碱解氮、速效磷和速效钾等速效养分；以及土壤脲酶、β-葡萄糖苷酶等酶活性变化规律和特征，综合土壤理化生性状，明确土壤夏闲期耕作对旱地麦田土壤质量的主要影响因子及其调控机理。

### 1.4.2 不同夏闲期耕作模式下旱地土壤有机碳周转及其影响机制

系统研究不同夏闲期耕作模式下旱地麦田土壤有机碳含量的时空变化，进一步分析土壤易氧化有机碳、颗粒态有机碳和矿物结合态有机碳及团聚体中有机碳等组分的变化，并在此研究基础上，进一步分析土壤有机碳及其组分的层化机制，明确不同夏闲期耕作模式下旱地麦田土壤有机碳及组分的动力学特征，探讨不同夏闲期耕作模式对该区域土壤的固碳、增碳效果。

### 1.4.3 山西省小麦生产的碳足迹

基于统计数据估算并评价不同功能单位的山西省小麦生产中的碳足迹，并对不同夏闲期耕作模式下旱地小麦生产的碳足迹进行评价，解析山西省小麦生产中农资投入造成的间接潜在排放，为山西省小麦的低碳生产提供一定的借鉴。

# 第2章 材料方法

## 2.1 研究区简介与试验设计

旱地麦田夏闲期耕作定位试验在山西农业大学旱作小麦栽培团队闻喜试验基地进行，该基地位于山西省运城市闻喜县桐城镇邱家岭村（111°28′E，35°35′N），处于黄土高原东部，地势多样，属暖温带大陆性季风气候，十年九旱，年均日照时数 2461 h，年均降水量 490 mm，降水量主要集中在 7～9 月。2005～2016 年，该地区从夏闲期到冬小麦收获期的年均降水量为 450.5 mm；2015～2016 年，该时期的年降水量为 386.8 mm（图 2-1）。该地区年均气温 12.6℃，1 月最冷，平均气温–3.2℃，7 月可达全年最高温度，平均气温 26.5℃，无霜期约为 185 天。土壤质地为黏壤土至粉砂质黏壤土，2015 年小麦播种前 0～20 cm 土层的土壤基本肥力情况如下：有机质 9.27 g/kg，碱解氮 61.31 mg/kg，速效磷 10.43 mg/kg，速效钾 238.16 mg/kg，阳离子交换量 52.50 cmol/kg，pH（$H_2O$）8.08。“冬小麦-夏闲”是该地区旱地主要的种植制度。

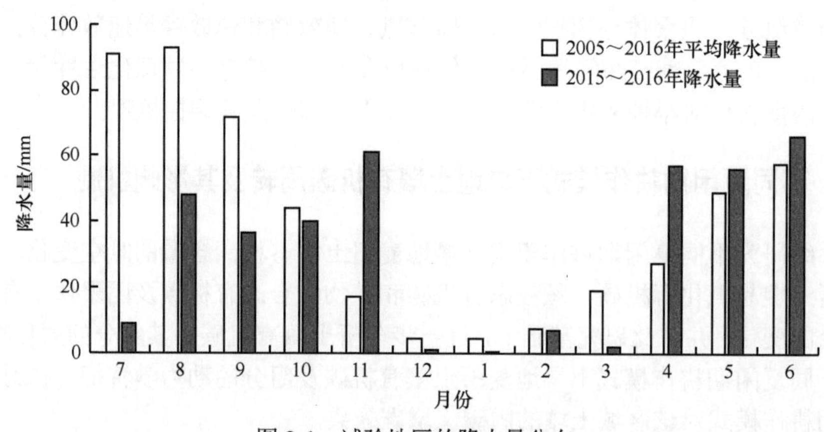


图 2-1 试验地区的降水量分布

试验于 2011 年设置，采用随机区组试验设计，共包括深翻模式、深松模式和农户模式 3 种处理，小区面积为 200 $m^2$，重复 3 次。对于深翻模式和深松模式，在 7 月中旬的大雨过后，施用生物有机肥（1500 $kg/hm^2$），并分别进行土壤深翻（25～30 cm）和深松（30～40 cm），深翻模式下麦秆随深翻而被翻埋于土壤中，深松模式则大部分小麦秸秆仍覆盖于土壤表面。深翻和深松模式在 8 月底进行旋耕、耙耱除草，在小麦播种前，再次进行旋地 1 次，之后利用小型播种机采用膜际条播的方式进行播种，起垄、覆膜、播种、镇压一次完成，60 cm 视为一带，该机器一次播种 2 带。其中，垄底宽 40 cm，垄高 10 cm，垄顶呈圆弧形，采用 400 mm×0.01 mm 地膜覆盖在垄上，地膜两侧覆土，垄沟膜侧种植 2 行小麦，小麦窄行行距 20 cm，宽行行距 40 cm，于小麦花后 10～15 天揭生育期地膜。农户模式：当地农民所采用的模式，小麦收获后秸秆覆盖于土壤表面，在 7 月雨季不进行土壤耕作，8 月底与深翻和深松模式一样，进行旋耕、耙耱除草，且播种前再次进行旋地 1 次；另外，农户模式采用当地农户所采用的常规条播方式进行播种，不进行地膜覆盖。以上处理播种方式的田间示意图见图 2-2。本试验于 2015 年 10 月 1 日播种，种植小麦品种为‘晋麦 47’，2016 年 6 月 3 日收获。播种前，各小区施用“沃尔沃”复混肥 600 kg/hm$^2$（N∶$P_2O_5$∶$K_2O$=20∶20∶5），田间管理按照高产水平管理。

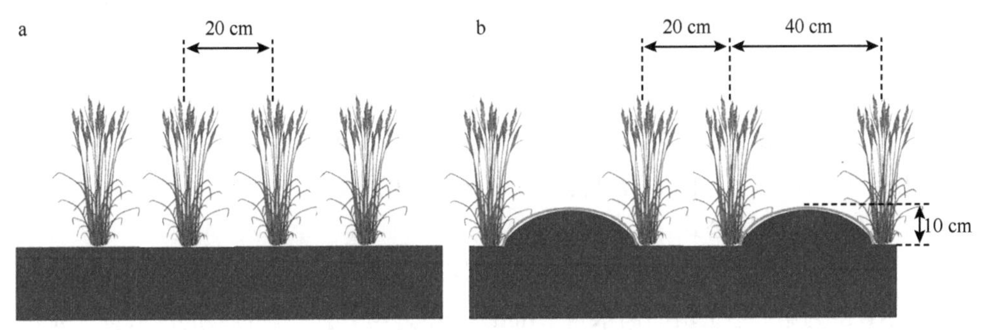


图 2-2　播种方式示意图

a. 农户模式下采用的条播；b. 深翻和深松模式下采用的膜际条播

# 2.2　取样测定方法

试验于冬小麦播种前和收获后，采用“5 点取样法”在每个小区分层（0～10 cm、10～20 cm、20～30 cm、30～40 cm 和 40～50 cm）进行土壤采集，带回实验室自然风干后，剔除作物残茬与石砾等杂物，研磨并通过 2 mm、1 mm 和 0.25 mm 的筛子，用于测定不同的土壤指标。同时，取原状土测定土壤容重、孔隙度和土壤团聚体等。

## 2.2.1　土壤容重、水分和孔隙度

土壤容重、水分及孔隙度的测定均取样于冬小麦播种前和收获后，分层采集 0～50 cm 剖面土壤，间隔 10 cm。其中，采用环刀法进行土壤容重的采集（Okalebo et al.，2002），每个处理重复 3 次，环刀体积为 100 cm$^3$。将取好土样且密封完整

的环刀整理好后带回实验室，将其外壁多余土壤擦拭干净，测定鲜土加环刀的重量，记为 $M_1$；完毕后，将环刀放置于铺有纱布的托盘，给托盘加水进行吸水处理，直至土壤吸水饱和且重量不再发生变化（通常 12 h 后），记为 $M_2$；此后，将土样放置于 105℃烘箱中烘干至恒重，记为 $M_3$，最后除去环刀中土壤，并将环刀擦拭干净后称其重量，记为 $M_0$。

土壤容重具体的计算公式见式（2-1）。

$$\rho_b = \frac{M_3 - M_0}{V} \tag{2-1}$$

式中，$\rho_b$ 为土壤容重（$g/cm^3$）；$M_3$ 为烘干后土壤与环刀总重（g）；$M_0$ 为环刀重量（g）；$V$ 为环刀体积（$cm^3$）。

土壤重量含水量与体积含水量分别采用公式（2-2）和公式（2-3）进行计算，其中土壤体积含水量利用土壤容重与土壤重量含水量的乘积得出。

$$\theta_g = \frac{M_1 - M_3}{M_3 - M_0} \times 100\% \tag{2-2}$$

$$\theta_v = \rho_b \times \theta_g \tag{2-3}$$

式中，$\theta_g$ 为土壤重量含水量（%）；$M_1$ 为鲜土与环刀的总重量（g）；$\theta_v$ 为土壤体积含水量（%）；$\rho_b$、$M_0$ 和 $M_3$ 与公式（2-1）中相同。

土壤储水量采用公式（2-4）计算得出：

$$\mathrm{SWS}_j = \theta_{gj} \times \rho_{bj} \times h_j \tag{2-4}$$

式中，$\mathrm{SWS}_j$ 为第 $j$ 层土壤的储水量（mm）；$\theta_{gj}$ 为第 $j$ 层土壤的重量含水量（%）；$\rho_{bj}$ 为第 $j$ 层土壤的容重（$g/cm^3$）；$h_j$ 为第 $j$ 层土壤的厚度（mm）。

土壤总孔隙度基于土壤容重与土壤密度之间的关系，采用公式（2-5）进行计算（Salem et al.，2015）。

$$P_t = \left(1 - \frac{\rho_b}{P_d}\right) \times 100\% \tag{2-5}$$

式中，$P_t$ 为土壤总孔隙度（%）；$\rho_b$ 与公式（2-1）中相同；$P_d$ 为土壤（粒）密度，一般取 2.65 $g/cm^3$。

土壤充气孔隙度（soil air-filled porosity，$P_a$）通过总孔隙度减去体积含水量计算得出，采用公式（2-6）计算。

$$P_a = P_t - \theta_v \tag{2-6}$$

式中，$P_a$ 为充气孔隙度（%）；$\theta_v$ 和 $P_t$ 分别与公式（2-3）和公式（2-5）中相同。

土壤毛管孔隙度（soil capillary porosity，$P_c$）基于土壤容重与土壤毛管孔隙水含量（soil capillary water content，$\theta_c$）计算（Li and Shao，2006），采用公式（2-7）得出。

$$P_c = \frac{\theta_c \times \rho_b}{V} \times 100\% \tag{2-7}$$

$$\theta_c = \frac{M_2 - M_3}{M_3 - M_0} \times 100\% \tag{2-8}$$

式中，$P_c$ 为土壤毛管孔隙度（%）；$\theta_c$ 为毛管孔隙水含量（%），其通过公式（2-8）计算得出；$\rho_b$ 和 $V$ 与公式（2-1）中相同；$M_0$、$M_2$ 和 $M_3$ 见前文。

### 2.2.2 土壤速效养分和酶活性测定

在冬小麦播种前和收获后，使用土钻采用“5 点取样法”在每个小区分层采集土样，带回实验室自然风干后，剔除植株残茬与石砾等杂物，碾磨并过 1 mm 筛，分层取样并测定 0～50 cm 土壤中的碱解氮、速效磷和速效钾含量等。其中，碱解氮含量采用碱解扩散法进行测定，速效磷含量采用 $NaHCO_3$ 浸提-钼锑抗比色法进行测定，速效钾含量采用 $NH_4Ac$ 浸提法进行测定，以上详细方法参照鲁如坤（2000）所提供的方法。此外，β-葡萄糖苷酶采用对硝基酚显色法进行测定（Eivazi and Tabatabai，1988），土壤脲酶活性采用靛酚蓝比色法进行测定，详细步骤参考关松萌（1986）的方法。

### 2.2.3 土壤团聚体及其有机碳测定

在冬小麦播种前和收获后分别采集原状土壤，沿其自然裂缝将大块剥离为直径 1 cm 左右，并装入铝制饭盒中，采集后及时带回实验室使其自然风干，并从中剔除多余植株块茎与杂石，应当注意的是，采集与运输途中尽量减少对土壤的扰动，避免试验结果误差。采用干筛法和湿筛法测定 0～50 cm 土层（间隔 10 cm）的各级团聚体（Zhao et al.，2017）。

首先，采用干筛法测定土壤机械稳定性团聚体，称取土样 200 g 左右（精确到 0.01 g），置于孔径顺序依次为 10 mm、7 mm、5 mm、3 mm、2 mm、1 mm、0.5 mm 和 0.25 mm 的筛组上，往返匀速筛动整个筛组至样品完全过筛，从上向下依次取下各级筛子，在分开每个筛子时用手掌在筛壁上敲打几下，振落其中塞住孔眼的团聚体，分别收集＞10 mm、10～7 mm、7～5 mm、5～3 mm、3～2 mm、2～1 mm、1～0.5 mm、0.5～0.25 mm 和＜0.25 mm 的各级土粒，称重并计算各级干筛团聚体的百分含量 $w_i$。

在干筛基础上，进一步采用湿筛法进行土壤水稳性团聚体的测定。首先按照干筛后土壤各粒级重量比称取 50 g（精确到 0.01 g）混合土样，将其置于 1 L 量筒内，沿量筒边缘缓慢加入去离子水至饱和状，静置 10 min 后，再次加入去离子水至 1 L 刻度线处，上下振荡 10 次，将其转移至放置于水桶中的套筛（孔径依次为 5 mm、3 mm、2 mm、1 mm、0.5 mm 和 0.25 mm）顶部，将套筛在水中慢慢提起后迅速放下，重复振荡 10 次，将各孔径筛分后土样分别置于铝盒中烘干（50℃）称重，并计算各级湿筛团聚体的百分含量 $w_i$。

干筛和湿筛下第 $i$ 粒级团聚体重量所占的比例通过公式（2-9）和公式（2-10）计算得出。

$$w_i = \frac{W_{di}}{200} \times 100\% \tag{2-9}$$

$$w_i = \frac{W_{di}}{50} \times 100\% \tag{2-10}$$

式中，$w_i$ 为第 $i$ 粒级土壤团聚体重量所占的比例（%）；$W_{di}$ 为第 $i$ 粒级土壤团聚体的重量（g）；200 和 50 分别为干筛和湿筛的称土总重量（g）。

在进行干筛和湿筛得到各粒径土壤团聚体数据的基础上，进一步计算得出土壤团聚体的平均重量直径（MWD）、几何平均直径（GMD）（Barreto et al.，2009；周虎等，2007）、分形维数（$D$）（杨培岭等，1993）、破坏率（PAD）、稳定率（WSAR）和不稳定团粒指数（$E_{LT}$）（张鹏等，2012）。其中，MWD 和 GMD 分别通过公式（2-11）和公式（2-12）进行计算。

$$\text{MWD} = \sum_{i=1}^{n} \left( \overline{x_{\text{i}}} \times w_{\text{i}} \right) \tag{2-11}$$

$$\text{GMD} = \exp\left[ \frac{\sum_{i=1}^{n} w_i \lg \overline{x_i}}{\sum_{i=1}^{n} w_{\text{i}}} \right] \tag{2-12}$$

式中，MWD 为平均重量直径（mm）；GMD 为几何平均直径（mm）；$w_i$ 同公式（2-9）和公式（2-10）；$n$ 为筛子的数目；$\overline{x_i}$ 为每个筛子的平均直径（mm）。

分形维数通过公式（2-13）计算得出：

$$(3-D)\lg\left( \frac{\overline{d_i}}{d_{\max}} \right) = \lg\left[ \frac{W\left( \delta \leqslant \overline{d_i} \right)}{W_0} \right] \tag{2-13}$$

式中，$D$ 为土壤分形维数；$\overline{d_i}$ 为某粒级土壤团聚体的平均直径（mm）；$W\left(\delta \leqslant \overline{d_i}\right)$ 为粒径小于 $\overline{d_i}$ 的土壤团聚体重量（g）；$W_0$ 为各粒级土壤团聚体的总质量（g）；$d_{\max}$ 为最大粒径土壤团聚体的直径（mm）。可以看出，以 $\lg\left( \frac{\overline{d_i}}{d_{\max}} \right)$、$\lg\left[ \frac{W\left( \delta \leqslant \overline{d_i} \right)}{W_0} \right]$ 为横、纵坐标，3–$D$ 为 $\lg\left( \frac{\overline{d_i}}{d_{\max}} \right)$ 和 $\lg\left[ \frac{W\left( \delta \leqslant \overline{d_i} \right)}{W_0} \right]$ 拟合直线的斜率，从而得到分形维数 $D$。

土壤粒径＞0.25 mm团聚体的破坏率、稳定率和不稳定团粒指数通过以下公式进行计算，具体如下：

$$PAD=\frac{M_{d0.25}-M_{w0.25}}{M_{d0.25}}\times100\% \quad (2\text{-}14)$$

$$WSAR=\frac{M_{w0.25}}{M_{d0.25}}\times100\% \quad (2\text{-}15)$$

$$E_{LT}=\frac{M_t-M_{0.25}}{M_t}\times100\% \quad (2\text{-}16)$$

式中，PAD为土壤团聚体的破坏率（%）；$M_{d0.25}$和$M_{w0.25}$分别为干筛和湿筛下＞0.25 mm粒径土壤团聚体的含量（%）；WSAR为土壤粒径＞0.25 mm团聚体的稳定率（%）；$E_{LT}$为土壤团聚体的不稳定团粒指数（%）；$M_{0.25}$为湿筛下＞0.25 mm的土壤团聚体的重量（g）；$M_t$为用于湿筛的供试土壤总重量（g）。

将以上湿筛后＞0.5 mm粒径和0.25～0.5 mm粒径分别收集起来，低温烘干后，将土样碾磨并过0.125 mm筛，测定土壤有机碳含量。

### 2.2.4　土壤易氧化有机碳测定

土壤易氧化有机碳含量的测定采用高锰酸钾氧化法进行（Blair et al.，1995）。将采集的土样剔除石砾与植株残茬，并在自然条件下风干，通过0.25 mm孔径筛备用待测。称量过0.25 mm筛的土样0.500 g，并置于50 mL的离心管内，加入10 mL的333 mmol/L $KMnO_4$溶液，置于摇床振荡1 h（约300 r/min）后，在离心机上以4000 r/min的转速离心5 min，离心后取上清液200 μL置于容量瓶，并加去离子水至刻度(按1∶500比例稀释)，然后用分光光度计在565 nm下比色测定，根据$KMnO_4$含量的变化计算土壤易氧化有机碳质量分数，单位g/kg（每千克干土中含易氧化有机碳量）。

### 2.2.5　轻组分和重组分土壤分离及其有机碳测定

物理分组法是指能够保持原状土原始状态且对土壤扰动较小的分离方法，采用物理分组法对土壤组分进行分离，通过测定其有机碳含量，能够体现出土壤有机碳结构及其功能，并在一定程度上反映出土壤有机碳的周转情况（Christensen，1992）。采用相对密度分组法可对土壤轻组分和重组分进行分离，即比重分组法(鲁如坤，2000)，本研究采用溴化锌重液进行土壤轻组分和重组分的分离。称取过筛（0.25 mm）的风干土壤约5.00 g，放置于已称重的50 mL离心管中。然后，向离心管中加入25 mL相对密度为1.8 g/cm$^3$的溴化锌溶液，离心管加盖后置于摇床振荡1 h。振荡后离心10 min，转速为3000 r/min，此时，溶液中悬浮着已经分解或部分腐殖化的轻组有机物，重组部分分层于离心管底部。离心后将重液缓缓倾入铺有滤纸的玻璃漏斗中，使悬浮轻组有机物过滤除去。继续向离心管内样品中添加相对密度约为 1.8 g/cm$^3$ 的重液，将上述过程重复操作，直至离心后的重液轻组有机物被完全除去为止，一般情况下，需要分离 2～3 次。可将滤液保存在棕色瓶中继续使用，一般能够使用 3～5 次。此后，用 95%的乙醇洗涤离心管中的土样重组分 3 次，蒸馏水洗涤 2 次后，将其置于温度不超过 60℃的鼓风烘箱内烘干、称重后计算土壤中重组分与轻组分所占比例。测定重组分土壤中有机碳含量，并根据重组分土壤所占土壤的比例来计算土壤重组分有机碳含量，并根据总有机碳含量计算土壤轻组分有机碳含量及轻组分土壤中有机碳含量。

### 2.2.6 土壤颗粒分组及其有机碳测定

土壤颗粒态有机碳采用六偏磷酸钠提取法进行提取测定（Cambardella and Elliott，1992）。将采集的土样剔除石砾与植株残茬后在自然条件下风干，过 2 mm 孔径筛待测。称取待测土样（10.00 g 左右）置于 50 mL 塑料瓶中，并加入 30 mL 5 g/L 的六偏磷酸钠溶液，摇匀后置于摇床上振荡 18 h，并将土壤混合液过 53 μm 的筛子，之后用蒸馏水冲洗混合液至滤液无色不含土粒杂质，转移筛子上＞53 μm 的土壤至事先称好质量的铝盒中，放置于 60℃的恒温烘箱中烘干至恒重并称重，得到颗粒态土壤，而通过 53 μm 筛子的土壤部分为矿物结合态土壤。据此可分别计算颗粒态土壤与矿物结合态土壤占所称土样的比例。另外，将烘干的土样碾磨并过 0.25 mm 的筛子备用，用于测定颗粒态土壤中有机碳的含量，并计算供试土壤中颗粒态有机碳含量及矿物结合态有机碳含量，以上各指标通过公式（2-17）～公式（2-21）计算得出。

$$w_{\text{poc}} = \frac{w_1}{w_0} \times 100\% \tag{2-17}$$

$$w_{\text{moc}} = 1 - w_{\text{poc}} \tag{2-18}$$

式中，$w_{\text{poc}}$ 和 $w_{\text{moc}}$ 分别为颗粒态土壤和矿物结合态土壤所占的比例（%）；$w_0$ 为待测土样的重量（g）；$w_1$ 为过筛后的烘干土壤重量（g）。

$$C_{\text{t-poc}} = C_{\text{poc}} \times w_{\text{poc}} \tag{2-19}$$

$$C_{\text{t-moc}} = C_{\text{t-soc}} - C_{\text{t-poc}} \tag{2-20}$$

$$C_{\text{moc}} = \frac{C_{\text{t-soc}}}{w_{\text{moc}}} \tag{2-21}$$

式中，$C_{\text{t-poc}}$ 和 $C_{\text{t-moc}}$ 分别为土壤中颗粒态有机碳与矿物结合态有机碳的含量（g/kg）；$C_{\text{poc}}$ 和 $C_{\text{moc}}$ 分别为测定的颗粒态土壤与矿物结合态土壤中的有机碳含量（g/kg）；$C_{\text{t-soc}}$ 为土壤中的总有机碳含量（g/kg）。

### 2.2.7　土壤有机碳储量

各土层土壤有机碳储量通过公式（2-22）计算得到。

$$M_{\mathrm{soc},i} = \rho_{b,i} \times T_i \times C_{\mathrm{soc},i} \times 10\,000 \times 0.001 \tag{2-22}$$

式中，$M_{\mathrm{soc},i}$ 为第 $i$ 层土壤的有机碳储量（Mg/hm$^2$）；$\rho_{b,i}$ 为第 $i$ 层土壤的容重（g/cm$^3$），单位转化为 Mg/m$^3$；$T_i$ 为第 $i$ 层次土壤厚度（m）；$C_{\mathrm{soc},i}$ 为第 $i$ 层土壤的有机碳含量（g/kg）；10 000 为面积单位 m$^2$ 换算为 hm$^2$ 的系数（m$^2$/hm$^2$）；0.001 为质量单位 kg 换算为 Mg 的换算系数（Mg/kg）；$i$ 取值为 1、2、3、4 和 5，分别代表 0～10 cm、10～20 cm、20～30 cm、30～40 cm 和 40～50 cm 土层。

### 2.2.8　各指标层化率计算

在本研究中，对播种前和收获后土壤的各理化生指标的层化率（stratification ratio，SR）进行了分析评价，其通过公式（2-23）进行计算（Franzluebbers，2002）。

$$\mathrm{SR} = \frac{C_{0\sim10}}{C_{>10}} \tag{2-23}$$

式中，SR 为土壤各指标（如有机碳等）的层化率，包括土壤容重等物理指标、化学指标和酶等，以及总有机碳和各土壤组分中有机碳含量等；$C_{0\sim10}$ 为表层 0～10 cm 土壤容重等物理指标、速效养分、酶活性、有机碳及其组分含量；$C_{>10}$ 为 10～20 cm、20～30 cm、30～40 cm 和 40～50 cm 土层中土壤容重等物理指标、速效养分、酶活性、有机碳及其组分含量。

## 2.3　碳足迹计算

本研究中小麦的碳足迹主要包括山西省小麦的碳足迹动态及不同夏闲期耕作模式下旱地小麦生产的碳足迹。基于生命周期评价法，定量评价山西省小麦整个生产周期过程中温室气体排放与消纳，为山西省小麦的低碳清洁化生产提供相应的依据。本研究主要分析小麦生产过程中化肥、柴油、农药和种子等农资投入造成的潜在温室气体排放，土壤非 $CO_2$ 温室气体排放及土壤有机碳固定。本研究的系统边界包括小麦整个生产阶段，从农资投入的原材料开采、生产、加工、运输等全生命周期过程到小麦收获，温室气体排放主要包括以下内容：①农资投入（如化肥、种子、柴油和农药等）的生产、加工及运输过程造成的排放；②小麦生产中的各环节农事操作造成的能源消耗（如耕作、播种、收获和灌溉等）及劳动者工作造成的能量消耗；③土壤非 $CO_2$ 温室气体（如 $CH_4$ 和 $N_2O$）排放，一般非稻田土壤的 $CH_4$ 排放量很少，甚至是吸收汇（Zhao et al.，2016），麦田亦有类似的结论（刘全全等，2015；王丙文等，2013），因此在计算时不考虑 $CH_4$ 排放，仅

考虑土壤 $N_2O$ 排放。

### 2.3.1 山西省小麦碳足迹计算

评价山西省小麦碳足迹动态时，定义小麦为产品，功能单位选择单位产量、产值、成本和净利润，定量评价山西省每生产 1 kg 小麦、每创造 1 元产值、每花费 1 元成本和每产生 1 元净利润所造成的温室气体排放。

不考虑土壤有机碳储量变化时，小麦生产的碳足迹采用公式（2-24）进行计算得出（Gan et al.，2012a；ISO，2013）。

$$\mathrm{CF} = \frac{\mathrm{CE_{total}}}{M} \tag{2-24}$$

式中，CF 为山西省小麦生产的碳足迹，4 种不同功能单位的碳足迹包括产量碳足迹（kg $CO_2$-eq/kg）、产值碳足迹（kg $CO_2$-eq/元）、成本碳足迹（kg $CO_2$-eq/元）和净利润碳足迹（kg $CO_2$-eq/元）；$CE_{\mathrm{total}}$ 为小麦生产过程中总温室气体排放量（kg $CO_2$-eq/$hm^2$），包括农资投入应用造成的温室气体排放与土壤 $N_2O$ 排放，其通过公式（2-25）计算得出；$M$ 在评价不同功能单位碳足迹时分别代表山西省小麦的产量（kg/$hm^2$）、产值（元/$hm^2$）、成本（元/$hm^2$）和净利润（元/$hm^2$）。

$$\mathrm{CE_{total}} = \mathrm{CE_{inputs}} + \mathrm{CE_{N_2O}} \tag{2-25}$$

$$\mathrm{CE_{inputs}} = \sum_i \left( Q_{\mathrm{used}_i} \times \varepsilon_i \right) \tag{2-26}$$

式中，$\mathrm{CE_{inputs}}$ 为农资投入造成的潜在温室气体排放（kg $CO_2$-eq/$hm^2$），由公式（2-26）计算得出；$\mathrm{CE_{N_2O}}$ 为氮肥施用造成的土壤 $N_2O$ 排放量（kg $CO_2$-eq/$hm^2$）；$Q_{\mathrm{used}_i}$ 为小麦生产过程中各项农资的使用量（kg/$hm^2$），包括肥料、柴油、电力、农药和种子等；$\varepsilon_i$ 为各项农资投入的排放因子（kg $CO_2$-eq/kg）。

土壤 $N_2O$ 排放采用《2006 年 IPCC 国家温室气体清单指南》（IPCC，2006）进行估算，施用氮肥是导致土壤 $N_2O$ 直接排放和间接排放的主要因素，其通过公式（2-27）计算得出。

$$\mathrm{CE_{N_2O}} = \mathrm{DCE_{N_2O}} + \mathrm{VCE_{N_2O}} + \mathrm{LCE_{N_2O}} \tag{2-27}$$

式中，$\mathrm{DCE_{N_2O}}$ 为土壤 $N_2O$ 直接排放量（kg $CO_2$-eq/$hm^2$），通过式（2-28）得出；$\mathrm{VCE_{N_2O}}$ 为农田土壤中以 $NH_3$ 和 $NO_x$ 形式挥发到大气中后氮沉降造成的间接 $N_2O$ 排放（kg $CO_2$-eq/$hm^2$），通过式（2-29）得出；$\mathrm{LCE_{N_2O}}$ 为淋失和径流损失的氮素造成的间接 $N_2O$ 排放（kg $CO_2$-eq/$hm^2$），通过式（2-30）得出。具体如下，

$$\mathrm{DCE_{N_2O}} = F_{\mathrm{SN}} \times \mathrm{EF_1} \times \frac{44}{28} \times 298 \tag{2-28}$$

$$\mathrm{VCE_{N_2O}} = F_{\mathrm{SN}} \times Frac_{\mathrm{GASF}} \times \mathrm{EF_2} \times \frac{44}{28} \times 298 \tag{2-29}$$

$$LCE_{N_2O} = F_{SN} \times Frac_{LEACH} \times EF_3 \times \frac{44}{28} \times 298 \tag{2-30}$$

式中，$F_{SN}$ 为小麦生产过程中的施氮量（$kg/hm^2$），包括氮肥与复混肥，复混肥的含氮量采用我国小麦的配方肥推荐量，其中，雨养区 N∶$P_2O_5$∶$K_2O$ 质量比为 28∶12∶5，灌溉区 N∶$P_2O_5$∶$K_2O$ 质量比为 17∶18∶10（任庆亚等，2016），目前，山西省雨养区和灌溉区小麦分别占总面积的 57%和 43%，按面积加权计算复合肥施氮量；$EF_1$ 为氮肥投入引起的 $N_2O$ 直接排放的排放因子，为 0.01 kg $N_2O$-N/kg N-input；$Frac_{GASF}$ 为以 $NH_3$ 和 $NO_x$ 形式挥发的化肥氮比例，为 0.1 kg N/kg N-input；$EF_2$ 为大气沉降到土壤表面氮素的 $N_2O$ 间接排放因子，为 0.01 kg $N_2O$-N/kg 挥发的 $NH_3$-N 和 $NO_x$-N；$Frac_{LEACH}$ 为土壤中淋失和径流损失氮的因子，为 0.3 kg N/kg N-input；$EF_3$ 为氮淋失和径流引起的 $N_2O$ 间接排放的排放因子，为 $7.5\times10^{-3}$ kg $N_2O$-N/kg N-leach；44/28 为 $N_2O$ 与 $N_2O$-N 分子量之比；298 为在 100 年尺度上将 $N_2O$ 转化为 $CO_2$ 的全球增温潜势，以上排放因子均来源于《2006 年 IPCC 国家温室气体清单指南》（IPCC，2006）。

土壤耕作、施肥和秸秆管理等农作措施能够改变土壤有机碳含量与分布特征，进而改变土壤有机碳储量。近年来，部分学者在计算农产品碳足迹时开始考虑土壤有机碳储量的变化（Gan et al.，2012b；Xue et al.，2014），因此，本研究结合土壤有机碳的变化对小麦的碳足迹进行了估算评价。具体如下：

$$CF_{soc} = \frac{CE_{total} - \Delta SOC}{M} \tag{2-31}$$

式中，$CF_{soc}$ 为考虑土壤有机碳储量变化后生产小麦的碳足迹（kg $CO_2$-eq/$hm^2$）；$\Delta SOC$ 为土壤有机碳储量的年变化量（kg $CO_2$-eq/$hm^2$）。由于缺乏相关的田间试验数据，本研究参考 Lu 等（2009）估算的在当前秸秆还田条件下山西省土壤有机碳固定速率来进行计算，年增加量为 1624.3 kg $CO_2$-eq/$hm^2$。

### 2.3.2 不同夏闲期耕作模式下旱地小麦碳足迹计算

评价不同夏闲期耕作模式下旱地小麦生产的碳足迹时，以产量为功能单位，定量评价每生产 1 kg 小麦所造成的温室气体排放。不同夏闲期耕作模式下旱地小麦生产的碳足迹也根据公式（2-24）、公式（2-25）和公式（2-26）进行计算。由于农户模式下小麦采用常规条播，不进行覆膜，而深翻模式和深松模式采用膜际条播进行种植，不同覆膜条件下土壤 $N_2O$ 排放有所差异，由于缺少实测数据，本研究通过氮肥施用后每天的 $N_2O$ 排放量乘以氮肥施用到小麦收获的天数估算得出，具体如下：

$$CE_{N_2O} = D_{FN} \times \delta_{N_2O} \times 298 \tag{2-32}$$

式中，$D_{FN}$ 为从氮肥施用到收获的天数，本试验施用的肥料包括夏闲期施用的商品有机肥和播种前施用的复合肥。$\delta_{N_2O}$ 为肥料施用后每天的土壤 $N_2O$ 排放量[kg $N_2O/(hm^2 \cdot d)$]，该参数参考白红英等（2003）在西北地区旱地小麦的研究结果。本研究中夏闲期施用商品有机肥的含氮量为 180 kg $N/hm^2$，播种前施用复合肥的含氮量为 150 kg $N/hm^2$；其中施氮量 150 kg $N/hm^2$ 条件下覆膜种植小麦时土壤 $N_2O$ 排放量为 $8.023\times10^{-3}$ kg $N_2O/(hm^2 \cdot d)$，施氮量 180 kg $N/hm^2$ 条件下不覆膜休闲时土壤 $N_2O$ 排放量为 $4.369\times10^{-3}$ kg $N_2O/(hm^2 \cdot d)$。298 为在 100 年尺度上将 $N_2O$ 转化为 $CO_2$ 的全球增温潜势。

## 2.4 数 据 分 析

在本研究数据分析过程中，采用 Microsoft office 2010 软件进行数据的常规计算处理及作图。试验中，不同耕作措施间各指标采用 SPSS 16.0 软件进行方差分析、多重比较及相关分析等，不同耕作处理间的多重比较采用新复极差法（Duncan 法）进行比较。

# 第 3 章　不同夏闲期耕作模式下旱地麦田土壤质量

土壤是作物赖以生长的重要场所，土壤理化生质量的好坏直接影响着作物生长发育及产量与品质形成。土壤耕作直接作用于耕层土壤，能够影响土壤理化生特征。本研究基于不同夏闲期耕作措施，分析旱地冬小麦播种前与收获后的土壤理化生特征，评价不同夏闲期耕作对土壤质量的影响。

## 3.1　夏闲期耕作对旱地麦田土壤物理性状的影响

土壤物理性状是土壤结构的重要依托，其对于土壤水、肥、气、热等养分循环和供应，以及作物产量提高等方面具有重要作用。不同耕作措施能够改变土壤容重、孔隙度、水分等土壤物理性状，打破原始土壤中物理因子的平衡关系，从而得到一个新的平衡（孙建等，2010），进而影响农田生态系统中作物的生长和根系的发育（武均等，2014）。分析不同夏闲期耕作模式对旱地麦田土壤物理性状的影响，有利于揭示不同耕作模式下土壤结构及其养分循环的改良潜力。本节主要从不同夏闲期耕作模式对旱地麦田土壤容重、水分、孔隙度、轻重组分比例及其层化率入手，深入分析土壤各物理指标对耕作模式的响应，以期为旱地麦田土壤物理质量的改善提供一定的理论依据与技术支撑。

### 3.1.1　夏闲期耕作对旱地麦田土壤容重及其层化率的影响

分析不同夏闲期耕作模式下旱地麦田播种前和收获后土壤容重的空间分布规律看出，随着土壤深度的增加，土壤容重基本呈现为逐渐增加的趋势。另外，夏闲期耕作模式对 0～30 cm 土层土壤容重的影响较大，而对深层土壤（＞30 cm）影响较小（图 3-1）。

小麦播种前，农户模式、深翻模式和深松模式下土壤容重分别为 1.11～1.46 g/cm$^3$、1.08～1.39 g/cm$^3$ 和 0.98～1.38 g/cm$^3$，深松模式相比农户和深翻模式降低了土壤容重。其中，在 0～10 cm 土层，深松模式下土壤容重较农户模式显著降低了 11.7%（$P$＜0.05），两者与深翻模式差异均不显著。在 10～20 cm 土层，土壤容重表现为深松模式＞农户模式＞深翻模式，但各耕作模式间差异不显著。在 20～30 cm 土层，深翻模式下的土壤容重较农户和深松模式显著降低了 13.8%和 16.1%（$P$＜0.05），但农户与深松模式间差异不显著。在 30～40 cm 和 40～50 cm 土层，不同夏闲期耕作模式间的土壤容重差异不显著。

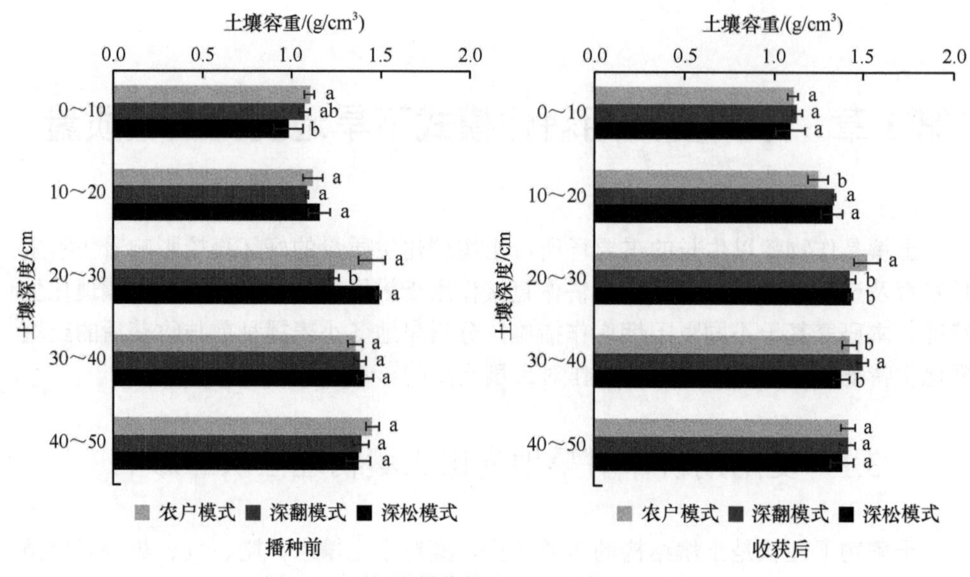


图 3-1　夏闲期耕作模式下旱地麦田土壤容重

不同小写字母表示各土层不同处理间在 0.05 水平上的统计差异（下同）

小麦收获后，在 0～10 cm 土层，不同夏闲期耕作模式下土壤容重表现为深翻模式＞农户模式＞深松模式，且深松模式较农户模式和深翻模式分别降低了 1.1%和 3.1%，但各处理间差异不显著。在 10～20 cm 土层，深翻模式和深松模式下土壤容重较农户模式分别显著提高了 7.2%和 6.2%（$P$＜0.05），但后两者之间差异不显著。在 20～30 cm 土层，农户模式下土壤容重分别较深翻模式和深松模式显著增加了 6.8%和 6.6%（$P$＜0.05）。在 30～40 cm 土层，深翻模式下土壤容重分别较农户模式和深松模式显著提高了 5.1%和 8.7%（$P$＜0.05）。在 40～50 cm 土层，各耕作处理之间土壤容重差异不显著。一般深翻模式下耕作深度（25～30 cm）较深松模式（30～40 cm）作用深度浅，对深层土壤扰动弱于深松模式，故深松处理下深层土壤受到破坏，打破了原有的土壤夯实状态，降低了深层土壤容重。旱地小麦种植前和收获后土壤容重差异性可能与作物生长及根系分泌物对各土层的作用效果息息相关，需通过进一步的长期试验进行研究分析。

土壤层化率作为评价土壤质量或土壤生态功能的重要指标之一，常被用来对土壤质量进行定量研究（Franzluebbers，2002）。分析夏闲期不同耕作模式对土壤物理指标层化率的影响，有助于理解夏闲期耕作对土壤质量及农田生态效应的影响，对于评价旱地麦田土壤质量及作物生长有重要意义。

研究结果显示（表 3-1），旱地小麦播种前和收获后，随着土壤深度的增加，各处理下土壤容重层化率基本呈递减的趋势。播种前，农户模式、深翻模式和深松模式下 0～10 cm 与各亚土层容重的层化率分别为 0.76～0.98、0.77～0.98 和

0.66～0.85；收获后分别为 0.72～0.89、0.73～0.84 和 0.76～0.82。小麦播种前，农户和深翻模式下 0～10 cm∶10～20 cm 土层容重层化率显著高于深松模式（$P$<0.05），前两者间差异不显著；0～10 cm∶20～30 cm 土层容重层化率表现为深翻模式>农户模式>深松模式，各处理间差异显著；农户模式下 0～10 cm∶30～40 cm 土层容重层化率较深松模式显著提高了 17.4%，深翻模式与两者间差异不显著；各处理间土壤容重 0～10 cm∶40～50 cm 的层化率差异不显著。小麦收获后，各处理间 0～10 cm∶10～20 cm、0～10 cm∶20～30 cm、0～10 cm∶30～40 cm 和 0～10 cm∶40～50 cm 土壤容重层化率差异不显著。

**表 3-1 不同夏闲期耕作模式下旱地麦田土壤容重层化率**

| 取样时期 | 处理 | 土深比 | | | |
|---|---|---|---|---|---|
| | | 0～10 cm∶10～20 cm | 0～10 cm∶20～30 cm | 0～10 cm∶30～40 cm | 0～10 cm∶40～50 cm |
| 播种前 | 农户模式 | 0.98±0.03 a | 0.76±0.02 b | 0.81±0.04 a | 0.76±0.04 a |
| | 深翻模式 | 0.98±0.04 a | 0.86±0.01 a | 0.78±0.02 ab | 0.77±0.02 a |
| | 深松模式 | 0.85±0.10 b | 0.66±0.06 c | 0.69±0.05 b | 0.71±0.05 a |
| 收获后 | 农户模式 | 0.89±0.02 a | 0.72±0.01 a | 0.77±0.02 a | 0.78±0.01 a |
| | 深翻模式 | 0.84±0.06 a | 0.79±0.07 a | 0.73±0.03 a | 0.80±0.08 a |
| | 深松模式 | 0.82±0.04 a | 0.76±0.02 a | 0.79±0.04 a | 0.79±0.05 a |

注：不同小写字母表示各土层不同处理间在 0.05 水平上的统计差异（下同）

### 3.1.2 夏闲期耕作对旱地麦田土壤水分及其层化率的影响

土壤水分是旱地农田作物生产最重要的限制因子，其高低变化直接影响作物产量高低，是旱地土壤质量的重要指标。农作管理措施能够直接作用于土壤微环境，改变土壤水分的时空分布，如土壤耕作、秸秆还田、有机肥施用等。科学管理土壤水分对于旱地农业可持续生产有非常重要的意义。

#### 3.1.2.1 夏闲期耕作对旱地麦田土壤质量含水量及其层化率的影响

从图 3-2 能够看出，旱地小麦播种前和收获后，不同耕作模式间 0～50 cm 剖面上土壤质量含水量的差别较大；随着土壤深度的增加，0～50 cm 剖面土壤质量含水量均呈逐渐降低的趋势。

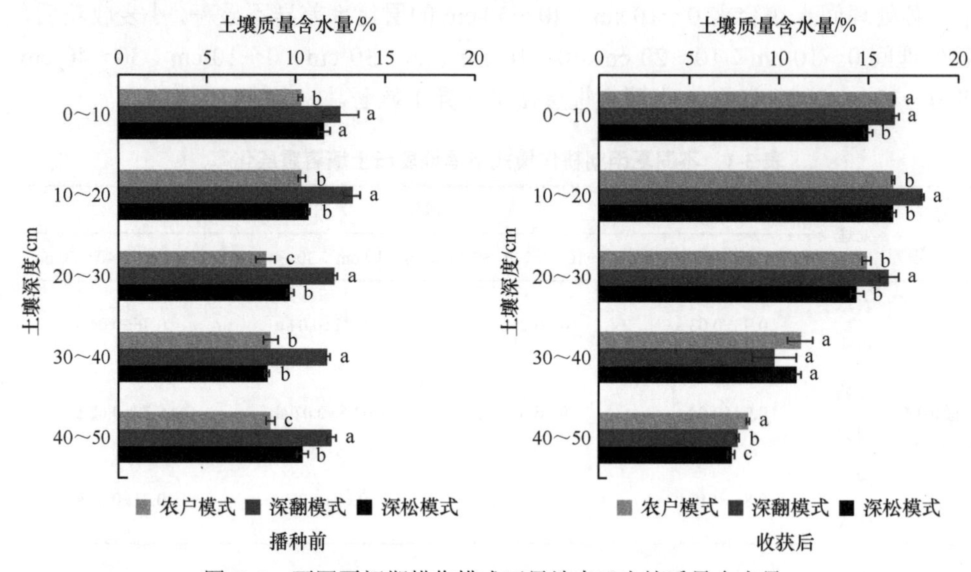


图 3-2 不同夏闲期耕作模式下旱地麦田土壤质量含水量

旱地小麦播种前，农户模式、深翻模式和深松模式下 0～50 cm 剖面土壤质量含水量分别为 8.3%～10.4%、11.9%～13.2%和 8.4%～11.6%。另外，不同夏闲期耕作模式下土壤质量含水量基本上表现为深翻模式＞深松模式＞农户模式。0～10 cm 土层，深翻模式和深松模式下土壤质量含水量均显著高于农户模式（$P<0.05$），但前两者间差异不显著。在 10～20 cm、20～30 cm、30～40 cm 和 40～50 cm 土层，深翻模式下土壤质量含水量显著高于农户模式和深松模式（$P<0.05$）；深松模式 10～20 cm 和 30～40 cm 土层的质量含水量与农户模式间差异不显著，但 20～30 cm 和 40～50 cm 土层则显著高于农户模式（$P<0.05$）。总体分析表明，深翻模式明显提升了 0～50 cm 剖面的土壤质量含水量，而农户模式下则土壤质量含水量均为最低。

旱地小麦收获后，0～50 cm 剖面不同夏闲期耕作模式间土壤质量含水量差异较小，农户模式、深翻模式和深松模式分别为 8.3%～16.4%、7.7%～16.5%和 7.4%～16.4%。在 0～10 cm 土层内，深松模式下土壤质量含水量较农户模式和深翻模式分别显著降低了 8.59%和 9.00%（$P<0.05$）。深翻模式下 10～20 cm 和 20～30 cm 土层的质量含水量仍显著高于农户模式和深翻模式（$P<0.05$）。各耕作模式下 30～40 cm 土层的质量含水量差异不显著，但 40～50 cm 土层差异显著（$P<$

0.05)，表现为深松模式＜深翻模式＜农户模式。

进一步分析不同夏闲期耕作模式下土壤质量含水量层化率得出（表 3-2），随着土壤深度的增加，土壤质量含水量层化率亦呈逐渐增加的趋势。旱地小麦播种前，农户、深翻和深松模式 0～10 cm 与不同深度土壤质量含水量层化率分别为 0.99～1.24、0.95～1.06 和 1.09～1.38；收获后分别为 1.00～1.98、0.92～2.14 和 0.91～2.04。

**表 3-2　不同夏闲期耕作模式下旱地麦田土壤质量含水量层化率**

| 取样时期 | 处理 | 土深比 | | | |
|---|---|---|---|---|---|
| | | 0～10 cm：10～20 cm | 0～10 cm：20～30 cm | 0～10 cm：30～40 cm | 0～10 cm：40～50 cm |
| 播种前 | 农户模式 | 0.99±0.02 b | 1.24±0.09 a | 1.20±0.06 b | 1.20±0.02 a |
| | 深翻模式 | 0.95±0.05 b | 1.02±0.07 b | 1.06±0.08 c | 1.04±0.10 b |
| | 深松模式 | 1.09±0.03 a | 1.20±0.06 a | 1.38±0.04 a | 1.12±0.05 ab |
| 收获后 | 农户模式 | 1.00±0.01 a | 1.10±0.02 a | 1.47±0.09 ab | 1.98±0.02 b |
| | 深翻模式 | 0.92±0.02 b | 1.02±0.02 b | 1.70±0.22 a | 2.14±0.06 a |
| | 深松模式 | 0.91±0.01 b | 1.05±0.04 b | 1.37±0.05 b | 2.04±0.09 ab |

旱地小麦播种前，深松模式下 0～10 cm：10～20 cm 土壤质量含水量层化率较农户模式和深翻模式分别显著提高了 10.1%和 14.7%($P$＜0.05)，深翻模式下 0～10 cm：20～30 cm 土壤质量含水量层化率显著低于其他处理（$P$＜0.05）；各处理间 0～10 cm：30～40 cm 土壤质量含水量层化率表现为深松模式＞农户模式＞深翻模式，各处理间差异显著；农户模式下 0～10 cm：40～50 cm 土壤质量含水量层化率显著高于深翻模式，但两者与深松模式间差异均不显著。旱地小麦收获后，农户模式下 0～10 cm：10～20 cm 和 0～10：20～30 cm 土壤质量含水量层化率均显著高于深翻模式和深松模式；深翻模式下 0～10 cm：30～40 cm 和 0～10 cm：40～50 cm 土壤质量含水量层化率均明显高于其他处理。

#### 3.1.2.2　夏闲期耕作对旱地麦田土壤体积含水量及其层化率的影响

不同夏闲期耕作模式下旱地麦田播种前和收获后土壤体积含水量分布有所差

异（图 3-3）。随着土壤深度的增加，播种前 0～50 cm 剖面各层次土壤体积含水量差别不大，而收获后则表现出先略升高再降低的趋势。小麦播种前，各处理间土壤体积含水量与土壤质量含水量规律类似，各土层均表现为深翻模式显著高于其他处理（20～30 cm 除外）。另外，农户模式、深翻模式和深松模式 0～50 cm 剖面各土层体积含水量分别为 11.4%～12.6%、13.5%～16.8%和 11.4%～14.5%。0～10 cm 土层，深翻模式下土壤体积含水量较农户模式和深松模式分别显著增加了 18.3%和 18.0%（$P<0.05$），后两者间差异不显著。10～20 cm 和 30～40 cm 土层，深翻模式下土壤体积含水量显著高于深松模式和农户模式（$P<0.05$），但后两者间差异不显著。20～30 cm 土层，农户模式下土壤体积含水量较深翻模式和深松模式显著降低了 20.7%和 16.3%（$P<0.05$），后两者间差异不显著。40～50 cm 土层，土壤体积含水量表现为深翻模式＞深松模式＞农户模式，各处理间差异显著（$P<0.05$）。

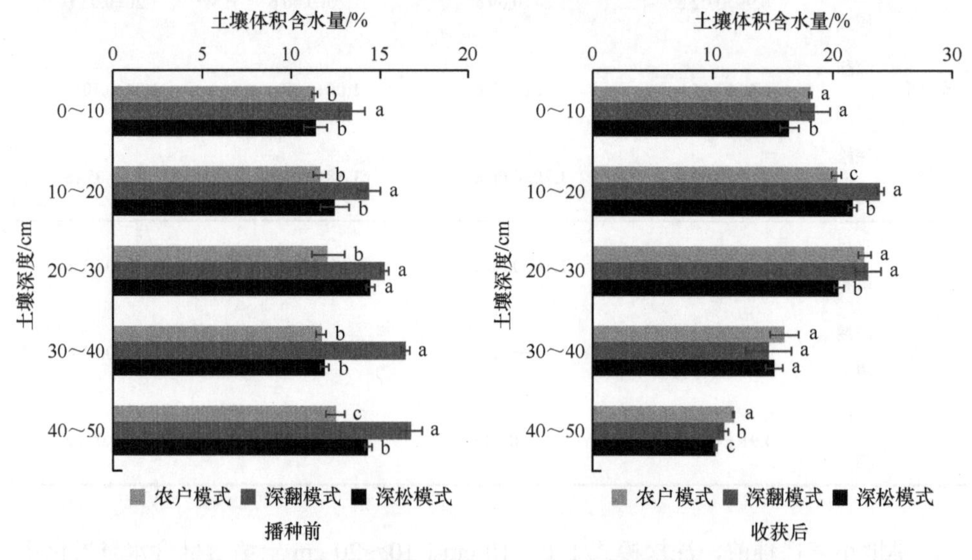


图 3-3　不同夏闲期耕作模式下旱地麦田土壤体积含水量

小麦收获后，农户模式、深翻模式和深松模式下 0～50 cm 剖面各土层的体积含水量分别为 11.8%～22.7%、10.9%～24.0%和 10.2%～21.7%。0～10 cm 土层，深松模式下土壤体积含水量显著低于其他模式（$P<0.05$）。不同夏闲期耕作模式下 10～20 cm 土层的土壤体积含水量表现为深翻模式＞深松模式＞农户模式，处理间差异显著（$P<0.05$）。深松模式下 20～30 cm 土层的体积含水量比农户模式和深翻模式分别显著降低了 9.9%和 10.9%（$P<0.05$），而后两者之间差异不显著。不同耕作处理间 30～40 cm 土层的体积含水量差异不显著，但 40～50 cm 土层差异显著（$P<0.05$），表现为农户模式＞深翻模式＞深松模式。

不同夏闲期耕作模式对旱地麦田土壤体积含水量的层化率亦有一定的影响（表 3-3）。播种前农户模式、深翻模式和深松模式 0～10 cm 与各土层的土壤体积含水量层化率分别为 0.91～0.98、0.80～0.93 和 0.79～0.96，收获后土壤体积含水量层化率分别为 0.80～1.54、0.77～1.70 和 0.75～1.61。整体来看，随着土壤深度的增加，播种前土壤体积含水量层化率呈逐渐降低的趋势，而收获后则表现为逐渐升高的趋势。

**表 3-3　不同夏闲期耕作模式下旱地麦田土壤体积含水量层化率**

| 取样时期 | 处理 | 土深比 | | | |
|---|---|---|---|---|---|
| | | 0～10 cm：10～20 cm | 0～10 cm：20～30 cm | 0～10 cm：30～40 cm | 0～10 cm：40～50 cm |
| 播种前 | 农户模式 | 0.98±0.02 a | 0.94±0.07 a | 0.97±0.03 a | 0.91±0.05 a |
| | 深翻模式 | 0.93±0.02 a | 0.88±0.06 ab | 0.82±0.05 b | 0.80±0.07 a |
| | 深松模式 | 0.92±0.08 a | 0.79±0.04 b | 0.96±0.05 a | 0.80±0.04 a |
| 收获后 | 农户模式 | 0.89±0.02 a | 0.80±0.02 a | 1.14±0.09 ab | 1.54±0.02 a |
| | 深翻模式 | 0.77±0.06 b | 0.81±0.09 a | 1.27±0.09 a | 1.70±0.17 a |
| | 深松模式 | 0.75±0.04 b | 0.80±0.05 a | 1.09±0.09 b | 1.61±0.10 a |

小麦播种前，不同处理间 0～10 cm：10～20 cm 土壤体积含水量层化率表现为农户模式＞深翻模式＞深松模式，但差异不显著（表 3-3）；农户模式下 0～10 cm：20～30 cm 土壤体积含水量层化率显著高于深松模式（$P$＜0.05），这两种模式与深翻模式间差异不显著；深翻模式下 0～10 cm：30～40 cm 土壤体积含水量层化率显著低于农户模式和深松模式（$P$＜0.05）；各处理间 0～10 cm：40～50 cm 土壤体积含水量层化率差异不显著。小麦收获后，农户模式 0～10 cm：10～20 cm 土壤体积含水量层化率显著高于其他处理（$P$＜0.05）；各处理 0～10 cm：20～30 cm 土壤体积含水量层化率差异不显著；深翻模式下 0～10 cm：30～40 cm 土壤体积含水量层化率显著高于深松模式（$P$＜0.05），但两者与农户模式间差异不显著；0～10 cm：40～50 cm 土壤体积含水量层化率表现为深翻模式＞深松模式＞农户模式，各处理间差异不显著。

#### 3.1.2.3　夏闲期耕作对旱地麦田土壤储水量及其层化率的影响

分析旱地小麦播种前土壤储水量分布能够看出（图 3-4），随着土壤深度的增加，0～50 cm 剖面各层次土壤储水量呈逐渐升高的趋势，但增幅较小。另外，0～50 cm 剖面内各土层土壤储水量基本上表现为深翻模式＞深松模式＞农户模式；且除 20～30 cm 土层外，深翻模式下各层次土壤储水量均显著高于其他模式（$P<0.05$）。在 0～10 cm 和 30～40 cm 土层，农户模式和深松模式间土壤储水量差异不显著，而 10～20 cm、20～30 cm 和 40～50 cm 土层则深松模式显著高于农户模式（$P<0.05$）。

小麦收获后，不同夏闲期耕作模式下 0～50 cm 剖面各层次土壤储水量变化趋势与播种前差异明显，随着土壤深度的增加，0～50 cm 剖面各层次土壤储水量整体表现为先增加后下降的变化趋势，且在 0～30 cm 土层内均以深翻模式下土壤储水量最高。深松模式下 0～10 cm 土层储水量显著低于农户模式和深翻模式，深翻模式显著高于农户模式（$P<0.05$）。在 10～20 cm 土层，各处理间土壤储水量存在显著差异（$P<0.05$），表现为深翻模式＞深松模式＞农户模式。深松模式下 20～30 cm 土层的土壤储水量较农户和深翻模式分别显著降低了 9.6%和 10.9%。而各处理 30～40 cm 土层储水量差异不显著。农户模式下 40～50 cm 土层储水量较深翻模式和深松模式分别显著增加了 7.8%和 15.3%（$P<0.05$）。

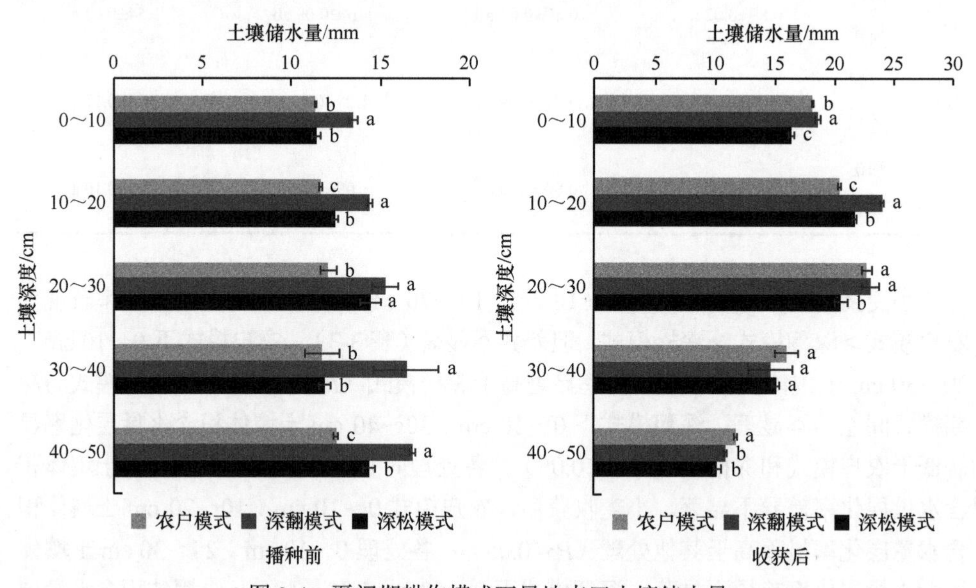


图 3-4　夏闲期耕作模式下旱地麦田土壤储水量

分析夏闲期耕作模式对旱地麦田土壤储水量层化率的影响得出（表 3-4），小麦播种前，农户、深翻和深松模式 0～10 cm 与各土层的储水量层化率分别为 0.91～0.98、0.80～0.94 和 0.79～0.96；收获后分别为 0.80～1.54、0.77～1.70 和 0.75～1.60。小麦播种前，各处理下 0～10 cm：10～20 cm 土层储水量层化率差异不显著；农户模式下 0～10 cm：20～30 cm 土层储水量层化率较深松模式显著提高了

19.0%（$P<0.05$），深翻模式与两者间均差异不显著；深翻模式 0～10 cm∶30～40 cm 土层储水量层化率较农户模式和深松模式分别显著降低了 15.5%和 14.6%（$P<0.05$）；农户模式 0～10 cm∶40～50 cm 土层储水量层化率显著高于深翻模式和深松模式（$P<0.05$）。小麦收获后，农户模式 0～10 cm∶10～20 cm 土层储水量层化率显著高于其他处理（$P<0.05$），各处理 0～10 cm 和 20～50 cm 剖面土壤储水量层化率差异不显著。

**表 3-4　夏闲期耕作模式下旱地麦田土壤储水量层化率**

| 取样时期 | 处理 | 土深比 | | | |
|---|---|---|---|---|---|
| | | 0～10 cm∶10～20 cm | 0～10 cm∶20～30 cm | 0～10 cm∶30～40 cm | 0～10 cm∶40～50 cm |
| 播种前 | 农户模式 | 0.98±0.02 a | 0.94±0.07 a | 0.97±0.05 a | 0.91±0.02 a |
| | 深翻模式 | 0.94±0.05 a | 0.88±0.06 ab | 0.82±0.06 b | 0.80±0.08 b |
| | 深松模式 | 0.92±0.08 a | 0.79±0.04 b | 0.96±0.03 a | 0.80±0.03 b |
| 收获后 | 农户模式 | 0.89±0.00 a | 0.80±0.01 a | 1.14±0.07 a | 1.54±0.02 a |
| | 深翻模式 | 0.77±0.01 b | 0.80±0.02 a | 1.28±0.17 a | 1.70±0.05 a |
| | 深松模式 | 0.75±0.01 b | 0.80±0.03 a | 1.08±0.04 a | 1.60±0.07 a |

分析夏闲期耕作模式下旱地麦田土壤剖面储水量结果得出（表 3-5），小麦播种前，在 0～10 cm、0～20 cm、0～30 cm、0～40 cm 和 0～50 cm 剖面，深翻模式下土壤剖面储水量均显著高于农户模式和深松模式（$P<0.05$），而 0～10 cm 和 0～20 cm 剖面下农户模式与深松模式间差异不显著，0～30 cm、0～40 cm 和 0～50 cm 剖面各处理间差异显著（$P<0.05$），均呈深翻模式＞深松模式＞农户模式。小麦收获后，与农户模式和深翻模式相比较，深松模式下 0～10 cm 土壤剖面的储水量显著降低了 9.5%和 11.8%（$P<0.05$）；0～20 cm 剖面，深翻模式下土壤储水量较农户模式和深松模式显著增加了 10.8%和 11.9%（$P<0.05$），但农户模式和深松模式间差异不显著；0～30 cm 剖面深翻模式下土壤储水量则分别比另两个模式显著增加了 7.3%和 12.0%，且农户模式显著高于深松模式（$P<0.05$）；在 0～40 cm 土壤剖面，与农户模式和深松模式相比，深翻模式下土壤储水量分别显著提高了 4.1%和 8.9%，农户模式显著高于深松模式（$P<0.05$）；在 0～50 cm 剖面内，深

松模式下土壤储水量分别较农户模式和深翻模式显著降低了 5.6%和 8.0%，但后两者之间差异不显著。

**表 3-5 夏闲期耕作模式下旱地麦田土壤剖面储水量** （单位：mm）

| 取样时期 | 处理 | 土壤剖面深度 | | | | |
|---|---|---|---|---|---|---|
| | | 0～10 cm | 0～20 cm | 0～30 cm | 0～40 cm | 0～50 cm |
| 播种前 | 农户模式 | 11.39±0.18 b | 23.06±0.52 b | 35.18±1.35 c | 46.92±1.17 c | 59.47±0.70 c |
| | 深翻模式 | 13.47±0.72 a | 27.88±1.29 a | 43.16±1.06 a | 59.61±0.86 a | 76.41±0.31 a |
| | 深松模式 | 11.42±0.71 b | 23.91±1.03 b | 38.39±1.17 b | 50.33±1.21 b | 64.68±1.39 b |
| 收获后 | 农户模式 | 18.06±0.12 a | 38.38±0.53 b | 61.09±0.53 b | 77.03±1.22 b | 88.78±1.22 a |
| | 深翻模式 | 18.52±1.02 a | 42.52±0.96 a | 65.57±0.53 a | 80.19±1.93 a | 91.09±1.56 a |
| | 深松模式 | 16.34±0.77 b | 38.01±0.84 b | 58.53±0.96 c | 73.63±0.34 c | 83.81±0.36 b |

### 3.1.3 夏闲期耕作对旱地麦田土壤孔隙及其层化率的影响

土壤孔隙分布亦是土壤质量的重要指标，其分布能够影响土壤气相、固相和液相的比例，进而影响土壤理化生过程及根系的生长分布。土壤耕作、秸秆还田及肥料施用等农作管理措施能够影响土壤孔隙的数量与大小，合理的孔隙分布是构建合理耕层的重要条件。

#### 3.1.3.1 夏闲期耕作对旱地麦田土壤总孔隙度及其层化率的影响

分析不同夏闲期耕作模式下旱地麦田土壤总孔隙度的空间分布得出（图 3-5），从整体上看，小麦播种前和收获后 0～50 cm 土壤总孔隙度空间分布情况基本相似，均表现为随着土壤深度的增加，土壤总孔隙度基本上呈先降低后升高的变化趋势。不同夏闲期耕作模式对耕层土壤孔隙度有一定影响，但对更深层土壤孔隙度影响较小。

旱地小麦播种前，不同夏闲期耕作模式下旱地麦田 0～50 cm 剖面土壤总孔隙度分别为 45.0%～58.3%、47.3%～59.4%和 43.7%～62.9%（图 3-5）。在 0～10 cm 土层，不同夏闲期耕作处理下土壤总孔隙度表现为农户模式＜深翻模式＜深松模式，深松模式较农户模式和深翻模式分别增加了 8.0%和 5.9%，其中与农户模式间有显著差异（$P<0.05$）。在 10～20 cm、30～40 cm 和 40～50 cm 土层，各处理间土壤总孔隙度差异不显著。深翻模式 20～30 cm 土层的总孔隙度显著高于农户模式和深松模式（$P<0.05$），且后两者间差异不显著。

旱地小麦收获后（图 3-5），在 0～10 cm 土层，各处理间的土壤总孔隙度差异不显著。农户模式 10～20 cm 土层总孔隙度显著高于其他耕作模式，而在 20～

30 cm 土层显著低于其他耕作模式（$P<0.05$）。在 30～40 cm 土层，深翻模式下土壤总孔隙度较农户模式和深松模式分别显著降低了 5.9%和 9.4%（$P<0.05$），而后两者之间差异不显著。40～50 cm 土层，各处理间土壤总孔隙度亦差异不显著。

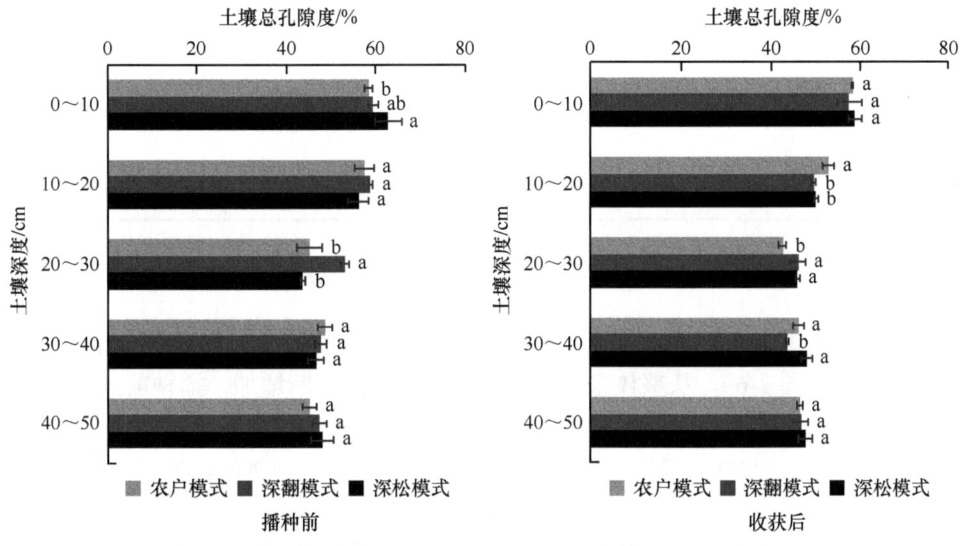


图 3-5　不同夏闲期耕作模式下旱地麦田土壤总孔隙度的分布

分析不同夏闲期耕作模式下旱地麦田土壤总孔隙度层化率发现（表 3-6），旱地小麦播种前，农户模式、深翻模式和深松模式下 0～10 cm 与不同土层的土壤总孔隙度层化率分别为 1.02～1.30、1.01～1.25 和 1.12～1.44。除 0～10 cm∶40～50 cm 外，深松模式下 0～10 cm 与其他层次土壤总孔隙度层化率均显著高于农户和深翻模式（$P<0.05$）。小麦收获后，农户模式、深翻模式和深松模式 0～10 cm 与其他层次土壤总孔隙度层化率分别为 1.10～1.38、1.16～1.32 和 1.18～1.28，各处理间差异不显著。

**表 3-6　不同夏闲期耕作模式下旱地麦田土壤总孔隙度层化率**

| 取样时期 | 处理 | 土深比 | | | |
|---|---|---|---|---|---|
| | | 0～10 cm∶10～20 cm | 0～10 cm∶20～30 cm | 0～10 cm∶30～40 cm | 0～10 cm∶40～50 cm |
| 播种前 | 农户模式 | 1.02±0.02 b | 1.29±0.06 b | 1.20±0.06 b | 1.30±0.06 a |
| | 深翻模式 | 1.01±0.03 b | 1.12±0.00 c | 1.25±0.03 b | 1.25±0.04 a |
| | 深松模式 | 1.12±0.08 a | 1.44±0.08 a | 1.35±0.06 a | 1.31±0.06 a |

续表

| 取样时期 | 处理 | 土深比 | | | |
|---|---|---|---|---|---|
| | | 0～10 cm：10～20 cm | 0～10 cm：20～30 cm | 0～10 cm：30～40 cm | 0～10 cm：40～50 cm |
| 收获后 | 农户模式 | 1.10±0.02 a | 1.38±0.03 a | 1.26±0.04 a | 1.26±0.02 a |
| | 深翻模式 | 1.16±0.07 a | 1.25±0.10 a | 1.32±0.05 a | 1.23±0.10 a |
| | 深松模式 | 1.18±0.04 a | 1.28±0.02 a | 1.23±0.05 a | 1.23±0.06 a |

#### 3.1.3.2　夏闲期耕作对旱地麦田土壤充气孔隙度及其层化率的影响

小麦播种前和收获后，不同夏闲期耕作模式下旱地麦田土壤充气孔隙度的分布有所差异（图 3-6），从整体来看，随着土壤深度的不断增加，播种前 0～50 cm 剖面土壤的充气孔隙度呈逐渐降低的趋势，而收获后表现为先降低后上升的态势。

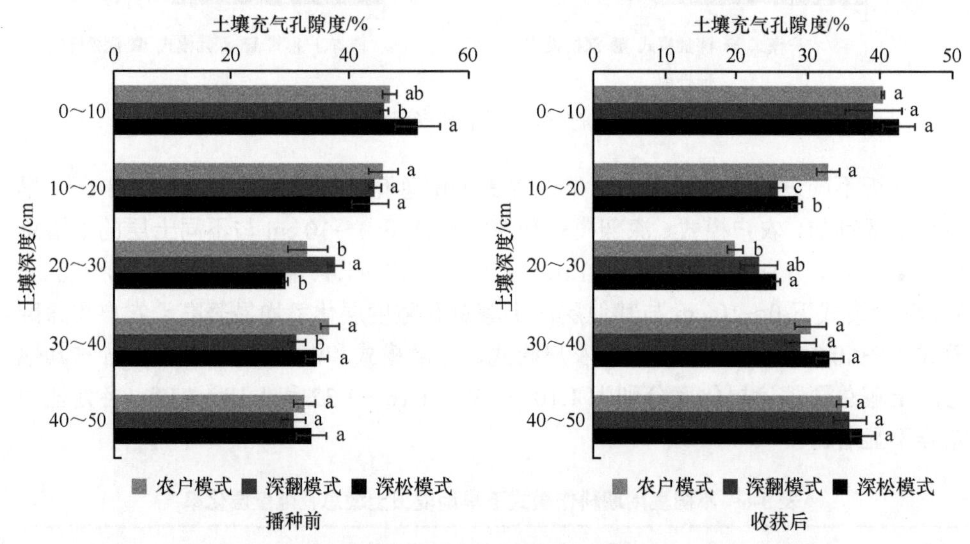


图 3-6 不同夏闲期耕作模式下旱地麦田土壤充气孔隙度的分布

旱地小麦播种前，不同夏闲期耕作模式下旱地麦田土壤充气孔隙度分别为 32.5%～46.9%、30.6%～45.9%和 29.2%～51.5%，耕作强度对不同土层充气孔隙度的作用效果不同（图 3-6）。在 0～10 cm 土层，深松模式下土壤充气孔隙度显著高于深翻模式（$P$<0.05），但与农户模式间差异不显著。不同耕作模式间 10～20 cm 和 40～50 cm 土层的土壤充气孔隙度差异不显著。深翻模式下 20～30 cm 层次土壤充气孔隙度较农户模式和深松模式分别显著增加了 14.2%和 28.2%（$P$<0.05）。30～40 cm 土层，深翻模式下土壤充气孔隙度分别显著低于农户和深松模式 15.3%

和 10.0%（$P$＜0.05）。

旱地小麦收获后，不同夏闲期耕作模式下旱地麦田土壤充气孔隙度分别为 19.8%～40.4%、23.1%～39.1%和 25.5%～42.6%（图 3-6）。各耕作模式间 0～10 cm 土层充气孔隙度表现为深松模式＞农户模式＞深翻模式，30～40 cm 土层表现为深松模式＞农户模式＞深翻模式，40～50 cm 土层表现为深松模式＞深翻模式＞农户模式，但各处理间差异不显著。10～20 cm 土层充气孔隙度表现为农户模式＞深松模式＞深翻模式，各处理间差异显著（$P$＜0.05）。此外，深松模式下 20～30 cm 土层的充气孔隙度显著高于农户模式（$P$＜0.05），但与深翻模式间差异不显著。

分析不同夏闲期耕作模式下旱地麦田土壤充气孔隙度层化率得出（表 3-7），随着土壤深度的增加，小麦播种前 0～10 cm 与其他土层充气孔隙度层化率呈逐渐增大的趋势，而收获后则以 0～10 cm：20～30 cm 的充气孔隙度层化率为最大。小麦播种前，深松模式 0～10 cm 与其他各土层的充气孔隙度层化率高于其他模式，且 0～10 cm：20～40 cm 的充气孔隙度层化率显著高于农户模式（$P$＜0.05）。旱地小麦收获后，深翻模式 0～10 cm：10～20 cm 的土壤充气孔隙度层化率显著高于农户模式（$P$＜0.05），两者均与深松模式间差异不显著；各处理间在 0～10 cm：20～50 cm 各土层的土壤充气孔隙度层化率均差异不显著。

**表 3-7　不同夏闲期耕作模式下旱地麦田土壤充气孔隙度层化率**

| 取样时期 | 处理 | 土深比 | | | |
|---|---|---|---|---|---|
| | | 0～10 cm：10～20 cm | 0～10 cm：20～30 cm | 0～10 cm：30～40 cm | 0～10 cm：40～50 cm |
| 播种前 | 农户模式 | 1.03±0.03 a | 1.43±0.11 b | 1.28±0.09 b | 1.45±0.12 a |
| | 深翻模式 | 1.04±0.04 a | 1.22±0.03 c | 1.48±0.08 a | 1.51±0.12 a |
| | 深松模式 | 1.19±0.13 a | 1.76±0.12 a | 1.49±0.10 a | 1.54±0.11 a |
| 收获后 | 农户模式 | 1.24±0.06 b | 2.05±0.13 a | 1.34±0.10 a | 1.16±0.03 a |
| | 深翻模式 | 1.53±0.20 a | 1.72±0.38 a | 1.35±0.03 a | 1.10±0.17 a |
| | 深松模式 | 1.50±0.10 ab | 1.67±0.07 a | 1.29±0.13 a | 1.13±0.10 a |

#### 3.1.3.3　夏闲期耕作对旱地麦田土壤毛管孔隙度及其层化率的影响

分析不同夏闲期耕作模式下旱地麦田播种前和收获后土壤毛管孔隙度可以看出（图 3-7），两者变化趋势基本相似，但随着土壤深度的增加，夏闲期耕作模式对土壤毛管孔隙度的影响较小。旱地小麦播种前，深翻模式下0～10 cm土层毛管孔隙度显著低于农户模式和深松模式，分别降低了12.7%和8.9%（$P$<0.05）。10～20 cm土层毛管孔隙度表现为深翻模式<深松模式<农户模式，其中深翻模式显著低于其他处理（$P$<0.05）。各处理间20～30 cm毛管孔隙度表现为深翻模式>农户模式>深松模式，40～50 cm土层表现为深松模式>农户模式>深翻模式，但差异不显著。30～40 cm土层，深松模式下土壤毛管孔隙度较农户模式显著降低了5.2%（$P$<0.05）。

旱地小麦收获后，各处理0～10 cm和40～50 cm土层的土壤毛管孔隙度差异不显著。10～20 cm土层，深翻模式土壤毛管孔隙度较农户模式和深松模式分别显著降低了11.8%和10.2%（$P$<0.05）。20～30 cm土层，农户模式下土壤毛管孔隙度较深翻模式和深松模式分别显著降低了6.1%和4.2%（$P$<0.05）。30～40 cm土层，深翻模式显著低于农户模式和深松模式，分别显著降低了7.6%和6.3%（$P$<0.05）。

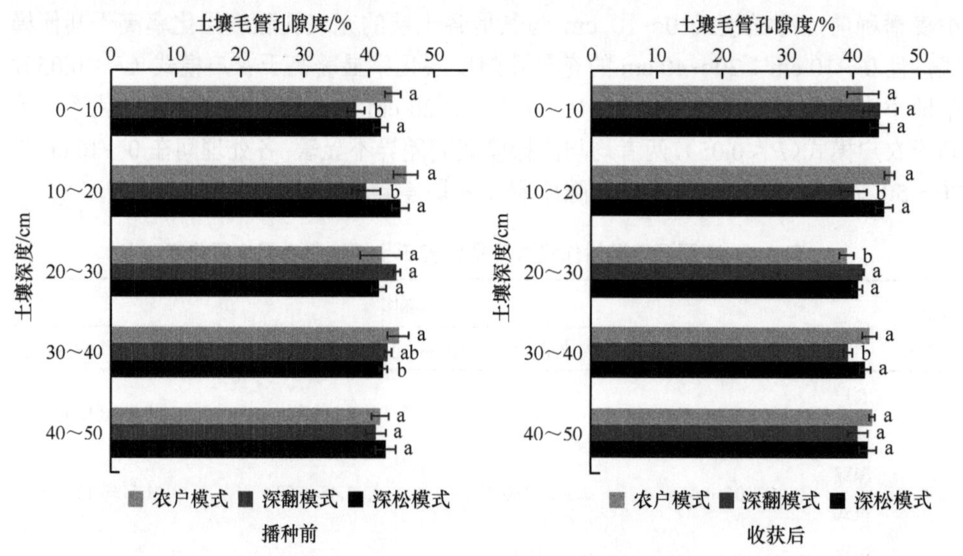


图3-7 不同夏闲期耕作模式下旱地麦田土壤毛管孔隙度分布

进一步分析夏闲期耕作模式对土壤毛管孔隙度层化率的影响得出（表3-8），旱地小麦播种前，各处理间0～10 cm∶10～20 cm土壤毛管孔隙度层化率差异不显著；深翻模式 0～10 cm∶20～30 cm土壤毛管孔隙度层化率较农户模式和深松模式分别显著降低了18.1%和14.0%，0～10 cm∶30～40 cm显著降低了9.2%和10.1%（$P$<0.05），后两个处理间差异均不显著；另外，深翻模式下 0～10 cm∶40～50 cm土壤毛管孔隙度层化率显著低于农户模式下（$P$<0.05），两处理与深松模式间差异不显著。小麦收获后，深翻模式下0～10 cm∶10～20 cm土壤毛管孔隙度层化率分别比农户模式和深翻模式显著增加了19.8%和11.2%（$P$<0.05），后两者之间差异不显著；各处理0～10 cm∶20～30 cm土壤毛管孔隙度层化率差异不显著；深翻模式下0～10 cm∶30～40 cm和0～10 cm∶40～50 cm的土壤毛管

孔隙度层化率显著高于农户模式（$P<0.05$），分别增加了 14.3%和 12.5%。

**表 3-8　不同夏闲期耕作模式下旱地麦田土壤毛管孔隙度层化率**

| 取样时期 | 处理 | 土深比 | | | |
|---|---|---|---|---|---|
| | | 0～10 cm：10～20 cm | 0～10 cm：20～30 cm | 0～10 cm：30～40 cm | 0～10 cm：40～50 cm |
| 播种前 | 农户模式 | 0.96±0.03 a | 1.05±0.10 a | 0.98±0.01 a | 1.04±0.05 a |
| | 深翻模式 | 0.96±0.02 a | 0.86±0.02 b | 0.89±0.04 b | 0.93±0.07 b |
| | 深松模式 | 0.93±0.04 a | 1.00±0.00 a | 0.99±0.03 a | 0.98±0.02 ab |
| 收获后 | 农户模式 | 0.91±0.04 b | 1.06±0.08 a | 0.98±0.07 b | 0.96±0.06 b |
| | 深翻模式 | 1.09±0.05 a | 1.06±0.07 a | 1.12±0.08 a | 1.08±0.03 a |
| | 深松模式 | 0.98±0.06 b | 1.08±0.03 a | 1.05±0.01 ab | 1.04±0.01 a |

## 3.1.4　夏闲期耕作对旱地麦田轻组分和重组分土壤的影响

分析不同夏闲期耕作模式下旱地麦田重组分土壤的空间分布可以看出（图 3-8），随着土壤深度增加，无论小麦播种前或收获后，0～50 cm 剖面的重组分土壤的比例均呈逐渐增加的趋势。小麦播种前，农户模式、深翻模式和深松模式下 0～50 cm

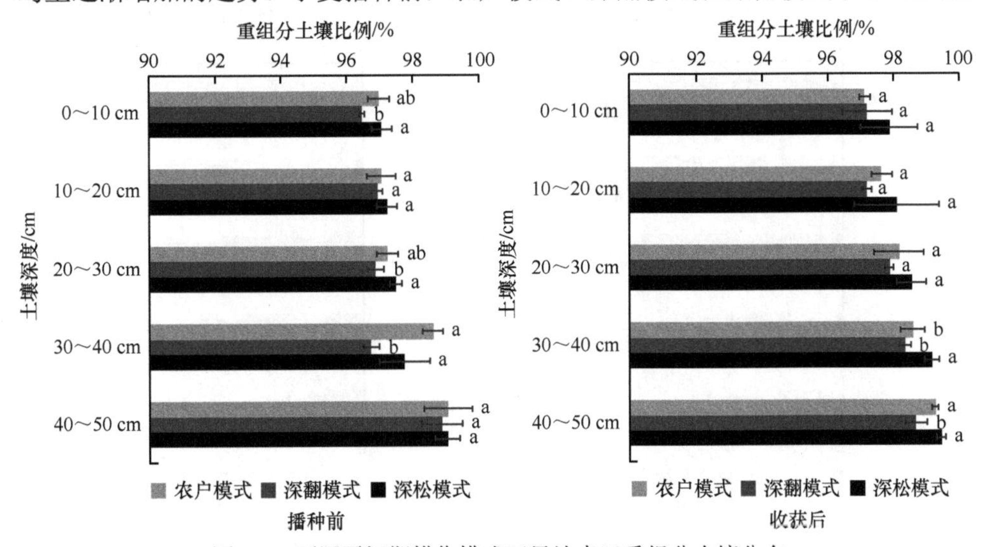


图 3-8　不同夏闲期耕作模式下旱地麦田重组分土壤分布

剖面重组分土壤的比例分别为 96.98%～99.06%、96.47%～98.88%和 97.06%～99.06%；不同夏闲期耕作模式下 0～10 cm 重组分土壤的比例表现为深松模式＞农户模式＞深翻模式，且深松模式下重组分土壤的比例较农户模式显著提高了 0.6%（$P$＜0.05）；10～20 cm 和 40～50 cm 土层，各处理间重组分土壤的比例差异不显著；20～30 cm 土层，各处理的重组分土壤的比例亦表现为深松模式＞农户模式＞深翻模式，其中深松模式显著高于深翻模式（$P$＜0.05）；深翻模式下 30～40 cm 重组分土壤的比例显著低于农户模式和深松模式（$P$＜0.05），但后两者间差异不显著。小麦收获后，不同夏闲期耕作处理间 0～30 cm 土层的重组分土壤的比例差异不显著；深松模式下 30～40 cm 重组分土壤的比例分别较农户模式和深翻模式显著提高了 0.6%和 0.9%（$P$＜0.05）；40～50 cm 土层，深翻模式下麦田重组分土壤的比例分别较农户和深松模式显著降低了 0.6%和 0.8%（$P$＜0.05）。

分析不同夏闲期耕作模式下旱地麦田轻组分土壤的比例分布可以看出（图 3-9），随着土壤深度的增加，轻组分土壤的比例呈逐渐下降的趋势。旱地小麦播种前，深翻模式下 0～10 cm 土层轻组分土壤的比例显著高于深松模式下（$P$＜0.05），两者与农户模式间差异不显著；10～20 cm 与 40～50 cm 土层，各处理间轻组分土壤的比例均表现为深翻模式＞农户模式＞深松模式，但差异不显著；20～30 cm 土层，轻组分土壤的比例亦表现为深翻模式最高，其显著高于深松模式（$P$＜0.05）；深翻模式下 30～40 cm 轻组分土壤的比例较农户和深松模式分别显著提高了 136.2%和 45.5%。旱地小麦收获后，0～10 cm、10～20 cm 和 20～30 cm 土层轻组分土壤的比例分别表现为农户模式＞深翻模式＞深松模式、深翻模式＞农户模式＞深松模式和深翻模式＞农户模式＞深松模式，但各处理间差异不显著；深松模式下 30～40 cm 土层轻组分土壤的比例较农户模式和深翻模式分别显著降低了

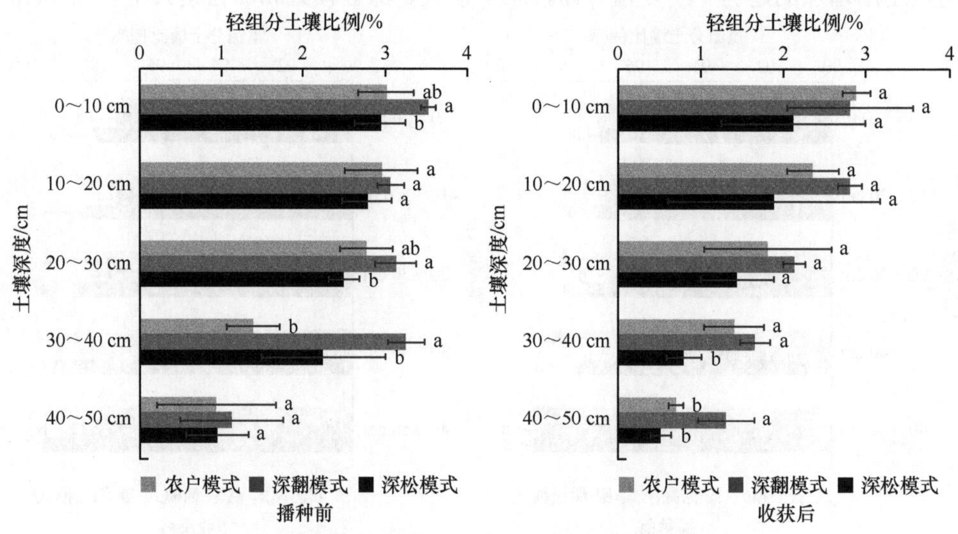


图 3-9　不同夏闲期耕作模式下旱地麦田轻组分土壤分布

43.6%和 52.1%（$P$<0.05）。40～50 cm 土层，深翻模式下轻组分土壤的比例为 1.31%，较农户和深松模式分别显著增加了 87.1%和 151.9%（$P$<0.05）。

### 3.1.5 夏闲期耕作对旱地麦田土壤团聚体的影响

土壤团聚体是指示土壤物理质量最重要的指标之一，其在改善土壤结构及保持和供应土壤养分方面有着非常重要的意义。水稳性团聚体的数量和分布状况能够反映出土壤结构的稳定性和抗侵蚀能力。土壤耕作、秸秆还田及肥料施用等农作管理措施作用于土壤微生态环境，能够影响土壤团聚体的数量与分布，合理的团聚体结构是构建合理耕层、改善土壤质量的重要保障。

#### 3.1.5.1 夏闲期耕作对土壤机械稳定性团聚体分布的影响

分析冬小麦播种前土壤机械稳定性团聚体分布可以看出（表 3-9），不同夏闲期耕作模式下>0.25 mm 大团聚体含量占总土壤团聚体的 70%以上。在 0～10 cm 土层，深翻模式下 7～10 mm 与 5～7 mm 粒径的机械稳定性土壤团聚体含量较农户模式显著提高了 58.5%和 57.6%（$P$<0.05），而<0.25 mm 粒径的机械稳定性土壤团聚体含量与农户模式和深松模式相比分别显著降低了 32.0%和 25.5%（$P$<0.05）。深翻模式下 5～7 mm 粒径的机械稳定性土壤团聚体含量与深松模式下相比，显著增加了 70.5%（$P$<0.05），而各处理间其他粒径机械稳定性土壤团聚体含量则均无显著差异。在 10～20 cm 土层，与农户模式和深松模式相比，深翻模式显著增加了 7～10 mm、5～7 mm、3～5 mm 和 2～3 mm 粒径机械稳定性土壤团聚体含量（$P$<0.05），而深翻模式下<0.25 mm 粒径机械稳定性土壤团聚体含量最低，较农户模式和深松模式分别显著降低了 42.1%和 34.6%，其中，深松模式下 2～3 mm 粒径的机械稳定性土壤团聚体含量较农户模式显著增加了 24.3%，<0.25 mm 粒径的机械稳定性土壤团聚体含量显著降低了 11.5%（$P$<0.05）；深松模式下>10 mm 粒径的机械稳定性土壤团聚体含量最低，较农户模式和深翻模式分别显著降低了 51.8%和 45.7%（$P$<0.05），各处理间其他粒径机械稳定性土壤团聚体含量均无显著差异。在 20～30 cm 土层，农户模式下>10 mm 和 7～10 mm 粒径机械稳定性土壤团聚体含量显著高于深翻处理（$P$<0.05），而农户模式下 2～3 mm、1～2 mm、0.5～1 mm 和 0.25～0.5 mm 粒径机械稳定性土壤团聚体含量显著低于其他两个处理（$P$<0.05），而各处理间其他粒径机械稳定性土壤团聚体含量均无显著差异。30～40 cm 土层，深翻模式与其他两个处理相比显著增加了 5～7 mm 和 1～2 mm 粒径机械稳定性土壤团聚体含量（$P$<0.05），而<0.25 mm 粒径机械稳定性土壤团聚体含量较农户模式和深松模式分别显著降低了 35.1%和 28.0%（$P$<0.05）；农户模式 3～5 mm 粒径机械稳定性土壤团聚体含量较深松模式显著增加了 37.2%，而 0.5～1 mm 和 0.25～0.5 mm 粒径机械稳定性土壤团聚体

含量则较其他两个处理显著降低（$P<0.05$），而其他粒径机械稳定性土壤团聚体含量在不同处理间则均无显著差异。40～50 cm 土层，深松模式下 5～7 mm 粒径机械稳定性土壤团聚体含量较农户和深翻模式显著降低了 30.9%和 36.2%（$P<0.05$），且深松模式下 0.5～1 mm 和 0.25～0.5 mm 粒径机械稳定性土壤团聚体含量与农户模式相比分别显著增加了 21.9%和 43.7%（$P<0.05$）；深翻模式 1～2 mm 粒径机械稳定性土壤团聚体含量较农户和深松模式分别显著增加了 11.9%和 9.1%；而不同处理间其他粒径机械稳定性土壤团聚体含量则无显著差异。

冬小麦收获后，分析不同夏闲期耕作模式下土壤机械稳定性团聚体分布可以看出，不同夏闲期耕作模式下土壤大团聚体含量（>0.25 mm）占总团聚体的 70%以上，且深松模式下的土壤大团聚体含量最高，占其总量的 80%以上（表 3-10）。在 0～10 cm 土层，农户模式与深松模式相比显著降低了>10 mm 和 7～10 mm 粒径的土壤机械稳定性团聚体含量（$P<0.05$），而农户模式下<0.25 mm 粒径的土壤机械稳定性团聚体含量较深翻和深松模式分别显著增加了 48.3%和 33.7%（$P<0.05$）；深翻模式与其他两个处理相比 1～2 mm 粒径的土壤机械稳定性团聚体含量分别显著增加了 12.8%和 15.2%（$P<0.05$）；深松模式下 0.5～1 mm 粒径的土壤机械稳定性团聚体含量与其他两个处理相比显著降低了 15.2%和 17.9%（$P<0.05$），而其他粒径土壤机械稳定性团聚体含量在不同处理下则均无显著差异。在 10～20 cm 土层，农户模式与其他两个处理相比显著降低了>10 mm、7～10 mm 和 5～7 mm 粒径的土壤机械稳定性团聚体含量，而显著增加了 0.25～0.5 mm 和<0.25 mm 粒径的土壤机械稳定性团聚体含量（$P<0.05$）；深松模式与其他两个处理相比显著降低了 1～2 mm 和 0.5～1 mm 粒径的土壤机械稳定性团聚体含量（$P<0.05$），且与深翻模式相比 2～3 mm 粒径的土壤机械稳定性团聚体含量显著降低了 18.3%（$P<0.05$）。在 20～30 cm 土层，深松模式下>10 mm 和 7～10 mm 粒径的土壤机械稳定性团聚体含量显著高于其他两个处理，且 1～2 mm 粒径的土壤机械稳定性团聚体含量与农户模式相比显著降低了 21.9%，而深松模式下 0.5～1 mm、0.25～0.5 mm 和<0.25 mm 粒径的土壤机械稳定性团聚体含量显著低于其他两个处理（$P<0.05$）；深翻模式下 3～5 mm 和 2～3 mm 粒径的土壤机械稳定性团聚体含量则显著低于其他两个处理（$P<0.05$）。在 30～40 cm 土层，深松模式下>10 mm 粒径的土壤机械稳定性团聚体含量与其他两个处理相比分别显著增加了 338.5%和 363.8%，而显著降低了 1～2 mm、0.5～1 mm 和<0.25 mm 粒径的土壤团聚体含量（$P<0.05$）；深翻模式下 0.25～0.5 mm 粒径的土壤机械稳定性团聚体含量与其他两个处理相比分别显著增加了 19.1%和 37.2%（$P<0.05$），而其他粒径土壤机械稳定性团聚体含量在不同处理下则均无显著差异。在 40～50 cm 土层，农户模式与其他两个处理相比显著降低了>10 mm 和 7～10 mm 粒径的土壤机械稳定性团聚体含量（$P<0.05$），而显著增加了 3～5 mm、2～3 mm、1～2 mm、0.5～1 mm、0.25～0.5 mm 和<0.25 mm 粒径的土壤机械稳定性团聚体含量（$P<0.05$）。

**表 3-9　不同夏闲期耕作模式下旱地冬小麦播种前土壤机械稳定性团聚体分布**

| 土壤深度 | 处理 | 不同粒径团聚体所占比例/% | | | | | | | | |
|---|---|---|---|---|---|---|---|---|---|---|
| | | ＞10 mm | 7～10 mm | 5～7 mm | 3～5 mm | 2～3 mm | 1～2 mm | 0.5～1 mm | 0.25～0.5 mm | ＜0.25 mm |
| 0～10 cm | 农户模式 | 4.10±0.67 a | 5.47±0.94 b | 4.36±0.27 b | 6.19±0.79 a | 8.73±1.53 a | 12.53±0.69 a | 16.93±0.94 a | 11.92±1.19 a | 29.77±2.16 a |
| | 深翻模式 | 5.61±3.22 a | 8.67±1.27 a | 6.87±0.67 a | 8.70±0.99 a | 10.28±1.60 a | 13.29±1.08 a | 15.68±1.17 a | 10.64±1.19 a | 20.25±1.83 b |
| | 深松模式 | 5.33±0.71 a | 6.07±1.55 ab | 4.03±0.69 b | 7.20±1.38 a | 8.97±1.10 a | 12.93±0.55 a | 16.52±0.88 a | 12.25±0.67 a | 27.18±2.26 a |
| 10～20 cm | 农户模式 | 5.73±0.95 a | 6.30±0.09 b | 4.95±0.51 b | 6.32±0.91 b | 7.66±0.50 c | 12.38±1.13 a | 16.12±0.30 a | 10.95±0.40 b | 29.54±2.28 a |
| | 深翻模式 | 5.08±1.16 a | 8.99±1.56 a | 7.62±0.74 a | 8.83±0.85 a | 11.51±0.60 a | 14.53±0.98 a | 15.80±0.93 a | 10.52±0.56 b | 17.11±1.20 c |
| | 深松模式 | 2.76±0.37 b | 6.69±1.43 b | 4.91±0.93 b | 6.99±0.20 b | 9.52±0.58 b | 13.54±0.38 a | 17.23±0.57 a | 12.17±0.66 a | 26.17±1.85 b |
| 20～30 cm | 农户模式 | 24.98±6.28 a | 14.18±1.77 a | 5.80±0.30 a | 8.24±0.12 a | 8.13±0.74 b | 8.35±1.20 b | 8.23±1.65 b | 5.14±1.12 b | 16.97±2.53 a |
| | 深翻模式 | 5.25±0.68 b | 7.79±1.10 b | 6.47±2.43 a | 8.39±1.47 a | 10.89±1.28 a | 14.30±1.22 a | 16.61±0.87 a | 11.21±1.95 a | 19.10±4.28 a |
| | 深松模式 | 4.48±0.07 b | 10.17±1.60 a | 6.76±0.64 a | 9.09±0.88 a | 10.91±0.44 a | 13.56±1.18 a | 14.86±0.53 a | 9.32±0.06 a | 20.83±0.48 a |
| 30～40 cm | 农户模式 | 4.07±2.08 a | 9.70±0.68 a | 5.72±0.49 b | 9.89±1.40 a | 10.93±1.06 a | 11.86±0.46 b | 11.57±0.81 b | 7.44±0.57 b | 28.83±1.33 a |
| | 深翻模式 | 6.01±0.62 a | 8.08±1.51 a | 6.61±0.37 a | 8.36±1.06 ab | 11.73±1.86 a | 14.52±0.80 a | 15.63±1.07 a | 10.34±0.87 a | 18.72±3.29 b |
| | 深松模式 | 6.98±0.72 a | 9.77±1.06 a | 5.57±0.51 b | 7.21±0.16 b | 8.98±0.58 a | 10.77±0.43 c | 14.05±0.36 a | 10.66±0.39 a | 26.01±0.79 a |
| 40～50 cm | 农户模式 | 4.97±0.58 a | 10.31±0.58 a | 7.15±1.34 a | 8.47±2.40 a | 11.14±1.57 a | 11.07±0.37 b | 10.91±0.88 b | 7.03±0.84 b | 28.95±3.74 a |
| | 深翻模式 | 4.59±0.57 a | 11.00±2.34 a | 7.74±1.98 a | 9.87±1.02 a | 11.32±1.14 a | 12.39±0.88 a | 12.32±1.21 ab | 8.63±1.02 ab | 22.14±3.56 a |
| | 深松模式 | 5.46±0.38 a | 8.58±2.81 a | 4.94±1.77 b | 8.62±1.25 a | 9.95±1.24 a | 11.36±0.19 b | 13.30±1.21 a | 10.10±1.63 a | 27.69±3.81 a |

表 3-10　不同夏闲期耕作模式下旱地冬小麦收获后土壤机械稳定性团聚体分布

| 土壤深度 | 处理 | 不同粒径团聚体所占比例/% | | | | | | | | |
|---|---|---|---|---|---|---|---|---|---|---|
| | | ＞10 mm | 7～10 mm | 5～7 mm | 3～5 mm | 2～3 mm | 1～2 mm | 0.5～1 mm | 0.25～0.5 mm | ＜0.25 mm |
| 0～10 cm | 农户模式 | 2.74±0.21 b | 4.52±1.45 b | 5.37±1.28 a | 7.11±1.32 a | 7.14±0.18 a | 13.88±0.68 b | 16.43±0.36 a | 12.93±0.66 a | 29.89±3.89 a |
| | 深翻模式 | 6.22±0.32 ab | 6.61±1.26 ab | 5.16±1.07 a | 6.57±2.02 a | 8.07±0.99 a | 15.66±0.74 a | 16.97±1.51 a | 14.58±1.28 a | 20.15±1.15 b |
| | 深松模式 | 10.50±4.80 a | 7.32±0.71 a | 5.37±0.87 a | 6.95±0.28 a | 7.36±0.57 a | 13.59±0.85 b | 13.93±1.07 b | 12.64±0.84 a | 22.35±1.48 b |
| 10～20 cm | 农户模式 | 0.65±0.42 c | 3.92±0.23 b | 4.71±0.25 b | 8.28±0.77 a | 9.17±0.78 ab | 17.17±0.09 a | 18.95±0.63 a | 14.85±0.28 a | 22.30±1.04 a |
| | 深翻模式 | 6.12±3.23 b | 9.95±1.97 a | 6.68±0.36 a | 9.32±0.62 a | 9.77±0.92 a | 17.61±1.36 a | 18.72±3.00 a | 12.04±1.41 b | 9.79±0.22 c |
| | 深松模式 | 14.10±0.93 a | 10.11±0.59 a | 6.12±1.06 a | 8.10±0.93 a | 7.98±0.63 b | 14.60±0.63 b | 13.77±0.79 b | 10.31±0.65 b | 14.92±0.68 b |
| 20～30 cm | 农户模式 | 1.22±0.78 b | 8.15±2.56 b | 6.34±1.88 a | 10.34±0.79 a | 11.31±0.47 a | 17.87±1.20 a | 14.92±1.23 b | 9.92±0.88 b | 19.93±4.66 a |
| | 深翻模式 | 2.87±2.48 b | 4.89±1.14 b | 5.23±0.13 a | 7.25±0.84 b | 8.21±0.93 b | 15.18±2.35 ab | 18.19±1.53 a | 14.90±0.06 a | 23.29±2.05 a |
| | 深松模式 | 15.32±3.55 a | 14.21±1.58 a | 8.07±1.59 a | 9.59±0.84 a | 9.84±0.87 a | 13.96±1.19 b | 12.24±0.45 c | 8.00±0.59 c | 8.76±0.68 b |
| 30～40 cm | 农户模式 | 4.41±1.49 b | 8.49±4.19 a | 5.90±1.33 b | 9.70±1.41 a | 10.66±0.77 a | 16.14±1.62 a | 12.42±1.42 a | 7.77±0.94 b | 24.50±3.31 a |
| | 深翻模式 | 4.17±0.68 b | 9.58±1.36 a | 6.93±0.62 ab | 9.61±0.74 a | 9.33±0.80 a | 14.48±0.30 a | 13.45±0.41 a | 9.25±0.47 a | 23.20±0.46 a |
| | 深松模式 | 19.34±4.03 a | 13.68±2.11 a | 8.75±0.61 a | 8.83±0.56 a | 9.32±0.47 a | 12.12±0.85 b | 8.90±0.56 b | 6.74±0.42 b | 12.30±1.03 b |
| 40～50 cm | 农户模式 | 0.59±0.29 c | 7.00±2.44 c | 8.29±1.45 a | 12.13±2.10 a | 11.73±1.08 a | 14.92±0.36 a | 10.58±0.53 a | 6.70±0.94 a | 28.07±4.90 a |
| | 深翻模式 | 20.92±1.75 b | 13.19±2.61 b | 6.46±0.90 a | 8.66±0.70 b | 8.31±0.61 b | 10.06±0.30 b | 7.51±0.70 b | 4.83±0.77 b | 20.06±2.73 b |
| | 深松模式 | 24.58±1.00 a | 24.81±3.69 a | 7.30±0.80 a | 8.13±0.13 b | 6.31±0.56 c | 6.67±0.09 c | 4.43±0.62 c | 3.41±0.63 b | 14.36±1.75 b |

### 3.1.5.2　夏闲期耕作下土壤机械稳定性团聚体稳定性评价

平均重量直径（MWD）、几何平均直径（GMD）和分形维数（*D*）等指标常被用来评价土壤机械稳定性团聚体的稳定性。分析不同夏闲期耕作模式下，冬小麦播种前土壤机械稳定性团聚体的 MWD、GMD 和 *D* 值变化可知（表 3-11），在 0～10 cm 土层，深翻模式下的 MWD 和 GMD 值与农户模式相比分别显著增加了 35.0%和 19.1%，而 *D* 值与其他两个处理相比则分别显著降低了 2.2%和 2.6%（$P<0.05$）。在 10～20 cm 土层，深翻模式下的 MWD 和 GMD 值均显著高于其他两个处理，而 *D* 值与其他两个处理相比分别显著降低了 4.8%和 3.7%，且深松模式下的 *D* 值与农户模式下相比显著降低了 1.1%（$P<0.05$）。在 20～30 cm 土层，农户模式与其他两个处理相比显著提高了 MWD 和 GMD 值（$P<0.05$），而各处理间的 *D* 值则均无显著差异。在 30～40 cm 土层，深翻模式下的 *D* 值最低，与其他两个处理相比分别显著降低了 3.3%和 3.0%（$P<0.05$），而各处理间的 MWD 和 GMD 值则均无显著差异。在 40～50cm 土层，各处理间的 MWD、GMD 和 *D* 值则均无显著差异。

**表 3-11　不同夏闲期耕作模式下旱地冬小麦播种前土壤机械稳定性团聚体稳定性分析**

| 土壤深度 | 处理 | MWD/mm | GMD/mm | *D* 值 |
|---|---|---|---|---|
| 0～10 cm | 农户模式 | 2.00±0.21 b | 0.89±0.05 b | 2.70±0.04 a |
| | 深翻模式 | 2.70±0.39 a | 1.06±0.06 a | 2.64±0.02 b |
| | 深松模式 | 2.18±0.18 ab | 0.93±0.05 b | 2.71±0.02 a |
| 10～20 cm | 农户模式 | 2.24±0.09 b | 0.92±0.03 b | 2.73±0.02 a |
| | 深翻模式 | 2.77±0.21 a | 1.10±0.04 a | 2.60±0.02 c |
| | 深松模式 | 2.07±0.16 b | 0.93±0.04 b | 2.70±0.02 b |
| 20～30 cm | 农户模式 | 4.80±0.65 a | 1.40±0.14 a | 2.62±0.03 a |
| | 深翻模式 | 2.59±0.34 b | 1.06±0.10 b | 2.62±0.06 a |
| | 深松模式 | 2.73±0.09 b | 1.07±0.01 b | 2.63±0.01 a |
| 30～40 cm | 农户模式 | 2.57±0.23 a | 0.99±0.04 a | 2.71±0.01 a |
| | 深翻模式 | 2.71±0.23 a | 1.08±0.07 a | 2.62±0.04 b |
| | 深松模式 | 2.72±0.05 a | 1.00±0.01 a | 2.70±0.01 a |
| 40～50 cm | 农户模式 | 2.63±0.23 a | 1.00±0.07 a | 2.71±0.03 a |
| | 深翻模式 | 2.87±0.34 a | 1.09±0.09 a | 2.65±0.04 a |
| | 深松模式 | 2.51±0.38 a | 0.98±0.09 a | 2.71±0.04 a |

冬小麦收获后，由不同夏闲期耕作模式下土壤机械稳定性团聚体的 MWD、

GMD 和 *D* 值变化可知（表 3-12），在 0～10 cm 土层，农户模式下土壤机械稳定性团聚体的 MWD 和 GMD 值分别为 1.86 mm 和 0.87 mm，均显著低于深翻模式和深松模式；而农户模式下土壤机械稳定性团聚体的 *D* 值则最高，为 2.72，较深翻模式和深松模式均显著增加了 3.0%（$P$＜0.05）。在 10～20 cm 土层，农户模式下土壤机械稳定性团聚体的 MWD 和 GMD 值显著低于其他两个处理；深松模式下土壤机械稳定性团聚体的 MWD 值显著高于深翻模式，而两处理间土壤机械稳定性团聚体的 GMD 值则差异不显著；另外，农户模式下土壤机械稳定性团聚体的 *D* 值则最高，较深翻和深松模式分别显著增加了 6.9%和 3.1%（$P$＜0.05），且深松模式下 *D* 值显著高于深翻模式下。在 20～30 cm、30～40 cm 和 40～50 cm 土层，深松模式下土壤机械稳定性团聚体的 MWD 和 GMD 值显著高于其他两个处理，而 *D* 值则显著低于其他两个处理（除 40～50 cm 深松模式与深翻模式 D 值差异不显著）（$P$＜0.05）。

**表 3-12　不同夏闲期耕作模式下旱地冬小麦收获后土壤机械稳定性团聚体稳定性分析**

| 土壤深度 | 处理 | MWD/mm | GMD/mm | *D* 值 |
|---|---|---|---|---|
| 0～10 cm | 农户模式 | 1.86±0.22 b | 0.87±0.06 b | 2.72±0.03 a |
| | 深翻模式 | 2.40±0.16 a | 1.00±0.04 a | 2.64±0.02 b |
| | 深松模式 | 2.80±0.35 a | 1.05±0.09 a | 2.64±0.05 b |
| 10～20 cm | 农户模式 | 1.72±0.01 c | 0.91±0.01 b | 2.65±0.01 a |
| | 深翻模式 | 2.94±0.44 b | 1.19±0.07 a | 2.48±0.01 c |
| | 深松模式 | 3.54±0.18 a | 1.21±0.04 a | 2.57±0.01 b |
| 20～30 cm | 农户模式 | 2.33±0.41 b | 1.04±0.10 b | 2.60±0.05 a |
| | 深翻模式 | 1.96±0.23 b | 0.92±0.01 b | 2.67±0.03 a |
| | 深松模式 | 4.19±0.22 a | 1.41±0.04 a | 2.44±0.02 b |
| 30～40 cm | 农户模式 | 2.57±0.55 b | 1.03±0.10 b | 2.65±0.03 a |
| | 深翻模式 | 2.65±0.03 b | 1.04±0.01 b | 2.65±0.01 a |
| | 深松模式 | 4.50±0.18 a | 1.42±0.03 a | 2.52±0.03 b |
| 40～50 cm | 农户模式 | 2.29±0.35 c | 0.99±0.09 c | 2.67±0.05 a |
| | 深翻模式 | 4.41±0.28 b | 1.32±0.08 b | 2.62±0.04 ab |
| | 深松模式 | 5.65±0.22 a | 1.60±0.07 a | 2.56±0.03 b |

#### 3.1.5.3　夏闲期耕作对土壤水稳性团聚体分布的影响

分析不同夏闲期耕作模式下土壤水稳性团聚体分布可以看出（表 3-13），冬小麦播种前，不同夏闲期耕作模式下土壤水稳性团聚体粒径多集中在＜0.25 mm，占

**表 3-13　不同夏闲期耕作模式下旱地冬小麦播种前土壤水稳性团聚体分布**

| 土壤深度 | 处理 | 不同粒径团聚体所占比例/% | | | | | | |
|---|---|---|---|---|---|---|---|---|
| | | ＞5 mm | 3～5 mm | 2～3 mm | 1～2 mm | 0.5～1 mm | 0.25～0.5 mm | ＜0.25 mm |
| 0～10 cm | 农户模式 | 0.56±0.53 a | 0.69±0.26 a | 1.14±0.15 a | 1.46±0.03 a | 4.38±1.25 a | 9.93±2.42 ab | 81.834±3.96 b |
| | 深翻模式 | 0.52±0.49 a | 0.69±0.16 a | 0.37±0.10 b | 0.33±0.04 c | 1.64±0.27 b | 6.91±1.04 b | 89.54±1.45 a |
| | 深松模式 | 0.48±0.42 a | 0.40±0.13 b | 0.44±0.10 b | 0.65±0.17 b | 3.35±0.31 ab | 12.39±1.03 a | 82.29±1.50 b |
| 10～20 cm | 农户模式 | 1.87±1.09 a | 0.92±0.32 a | 0.92±0.35 a | 1.26±0.25 a | 3.78±0.71 a | 8.51±1.68 a | 82.73±2.85 b |
| | 深翻模式 | 0.00±0.00 b | 0.30±0.28 a | 0.40±0.13 a | 0.40±0.07 b | 1.54±0.28 b | 5.83±1.00 b | 91.54±1.44 a |
| | 深松模式 | 0.01±0.02 b | 0.42±0.36 a | 0.52±0.25 a | 0.66±0.27 b | 3.30±0.47 b | 9.47±1.82 a | 85.63±2.13 b |
| 20～30 cm | 农户模式 | 1.44±0.94 a | 0.40±0.36 a | 0.65±0.11 a | 0.57±0.13 a | 1.97±0.53 a | 5.81±1.59 b | 89.15±2.57 a |
| | 深翻模式 | 0.28±0.44 a | 0.32±0.47 a | 0.19±0.04 b | 0.50±0.23 ab | 1.96±0.20 a | 9.08±1.44 a | 87.67±2.31 a |
| | 深松模式 | 0.19±0.34 a | 0.18±0.11 a | 0.23±0.07 b | 0.36±0.11 b | 1.32±0.17 a | 5.84±0.63 b | 91.87±0.48 a |
| 30～40 cm | 农户模式 | 1.08±0.95 a | 1.51±1.05 a | 0.92±0.44 a | 1.17±0.40 a | 4.15±1.98 a | 10.87±7.60 a | 80.30±9.35 b |
| | 深翻模式 | 0.25±0.22 a | 0.14±0.13 a | 0.51±0.41 ab | 0.23±0.03 b | 0.98±0.04 b | 4.38±0.63 a | 93.51±0.50 a |
| | 深松模式 | 0.01±0.02 a | 0.44±0.51 a | 0.12±0.06 b | 0.16±0.05 b | 0.88±0.05 b | 5.01±0.59 a | 93.38±0.10 a |
| 40～50 cm | 农户模式 | 2.43±1.07 a | 1.28±0.46 a | 0.87±0.79 a | 1.62±1.30 a | 4.03±0.94 a | 14.31±1.31 ab | 75.46±3.33 b |
| | 深翻模式 | 1.76±0.07 a | 0.61±0.18 b | 0.67±0.41 a | 0.77±0.04 a | 2.87±0.36 b | 11.59±0.60 b | 81.73±0.77 a |
| | 深松模式 | 0.44±0.77 a | 0.25±0.43 b | 0.21±0.10 a | 0.59±0.47 a | 4.36±0.45 a | 15.96±2.03 a | 78.19±1.78 ab |

总团聚体的 75%以上，且农户模式下<0.25 mm 粒径的土壤水稳性团聚体含量低于深翻模式和深松模式。在 0～10 cm 土层，农户模式较深翻模式和深松模式显著增加了 2～3 mm 和 1～2 mm 粒径的土壤水稳性团聚体含量，且该模式下 0.5～1 mm 粒径的土壤水稳性团聚体含量较深翻模式显著增加了 167.1%（$P$<0.05）；深松模式与其他两个处理相比显著降低了 3～5 mm 粒径的土壤水稳性团聚体含量，而 0.25～0.5 mm 粒径的土壤水稳性团聚体含量与深翻模式相比显著增加了 79.3%（$P$<0.05）；深翻模式与其他两个处理相比显著增加了<0.25 mm 粒径的土壤水稳性团聚体含量（$P$<0.05）。在 10～20 cm 土层，农户模式下>5 mm、1～2 mm 和 0.5～1 mm 粒径的土壤水稳性团聚体含量显著高于深翻模式和深松模式（$P$<0.05）；深翻模式下 0.25～0.5 mm 粒径的土壤水稳性团聚体含量较农户模式和深松模式分别显著降低了 31.5%和 38.4%，而<0.25 mm 粒径则分别较之显著增加了 10.7%和 6.9%（$P$<0.05），而其他粒径土壤水稳性团聚体含量在不同处理下则均无显著差异。在 20～30 cm 土层，农户模式下 2～3 mm 粒径的土壤水稳性团聚体含量与深翻模式和深松模式相比分别显著增加了 242.1%和 182.6%，而 1～2 mm 粒径的土壤水稳性团聚体含量与深松模式相比显著增加了 58.3%（$P$<0.05）；深翻模式下 0.25～0.5 mm 粒径的土壤水稳性团聚体含量最高，与其他两个处理相比分别显著增加了 56.3%和 55.5%（$P$<0.05）。在 30～40 cm 土层，农户模式与其他两个处理相比显著增加了 1～2 mm 和 0.5～1 mm 粒径的土壤水稳性团聚体含量，且与深松模式相比显著增加了 2～3 mm 粒径的土壤水稳性团聚体含量，而农户模式下<0.25 mm 粒径的土壤水稳性团聚体含量与其他两个处理相比则分别显著降低了 14.1%和 14.0%（$P$<0.05）。在 40～50 cm 土层，农户模式下 3～5 mm 粒径的土壤水稳性团聚体含量最高，与深翻模式和深松模式相比分别显著增加了 109.8%和 412.0%（$P$<0.05）；深翻模式与其他两种处理相比显著降低了 0.5～1 mm 粒径的土壤水稳性团聚体含量，且与深松模式相比显著降低了 0.25～0.5 mm 粒径的土壤水稳性团聚体含量，而深翻模式下<0.25 mm 粒径的土壤水稳性团聚体含量与农户模式相比显著增加了 8.31%（$P$<0.05）。

分析可以看出，夏闲期耕作模式下冬小麦收获后土壤水稳性团聚体粒径多集中在<0.25 mm，占总团聚体的 80%以上（表 3-14）。在 0～10 cm 土层，农户模式较深翻模式和深松模式显著增加了 3～5 mm、2～3 mm、1～2 mm 和 0.5～1 mm 粒径的土壤水稳性团聚体含量，而农户模式下<0.25 mm 粒径土壤水稳性团聚体含量较深翻模式和深松模式分别显著降低了 14.1%和 3.8%，且深松模式较深翻模式显著降低了 10.7%（$P$<0.05）；深翻模式与农户模式和深松模式相比显著降低了 0.25～0.5 mm 粒径的土壤水稳性团聚体含量（$P$<0.05）。在 10～20 cm 土层，农户模式与深翻模式和深松模式相比显著增加了 2～3 mm 和 1～2 mm 粒径土壤水稳性团聚体含量（$P$<0.05）；深翻模式与农户模式和深松模式相比显著降低了 0.5～1 mm 和 0.25～0.5 mm 粒径土壤水稳性团聚体含量，而显著增加了<0.25 mm

**表 3-14　不同夏闲期耕作模式下旱地冬小麦收获后土壤水稳性团聚体分布**

| 土壤深度 | 处理 | 不同粒径团聚体所占比例/% | | | | | | |
|---|---|---|---|---|---|---|---|---|
| | | >5 mm | 3～5 mm | 2～3 mm | 1～2 mm | 0.5～1 mm | 0.25～0.5 mm | <0.25 mm |
| 0～10 cm | 农户模式 | 1.03±0.06 a | 0.86±0.12 a | 1.07±0.22 a | 1.13±0.09 a | 3.91±0.42 a | 10.68±0.38 a | 81.31±1.59 c |
| | 深翻模式 | 0.00±0.00 a | 0.06±0.01 b | 0.23±0.15 b | 0.38±0.11 b | 1.13±0.13 c | 3.51±0.26 b | 94.70±0.19 a |
| | 深松模式 | 0.51±0.07 a | 0.31±0.04 b | 0.29±0.13 b | 0.37±0.04 b | 2.15±0.11 b | 11.83±1.46 a | 84.53±2.09 b |
| 10～20 cm | 农户模式 | 0.41±0.37 a | 0.53±0.43 a | 0.80±0.21 a | 0.71±0.05 a | 2.54±0.17 a | 5.92±0.22 b | 89.10±0.90 b |
| | 深翻模式 | 0.22±0.04 a | 0.40±0.20 a | 0.21±0.18 b | 0.57±0.03 b | 1.41±0.30 b | 3.10±0.58 c | 94.09±0.89 a |
| | 深松模式 | 0.53±0.51 a | 0.20±0.18 a | 0.25±0.05 b | 0.53±0.06 b | 2.16±0.12 a | 8.39±0.30 a | 87.95±0.97 b |
| 20～30 cm | 农户模式 | 0.47±0.24 a | 1.05±0.43 a | 1.14±0.44 a | 0.67±0.05 b | 2.20±0.38 a | 6.31±0.35 a | 88.17±0.92 b |
| | 深翻模式 | 0.18±0.03 a | 0.37±0.09 b | 0.89±0.25 ab | 0.86±0.14 a | 1.93±0.18 a | 5.33±0.99 a | 90.44±1.12 a |
| | 深松模式 | 0.76±0.34 a | 0.40±0.33 b | 0.37±0.14 b | 0.23±0.01 c | 1.10±0.02 b | 6.00±0.17 a | 91.13±0.26 a |
| 30～40 cm | 农户模式 | 0.66±0.35 a | 1.29±0.67 a | 0.88±0.25 a | 1.05±0.13 a | 2.16±0.15 a | 7.84±0.29 a | 86.11±0.86 c |
| | 深翻模式 | 1.16±1.00 a | 0.68±0.12 a | 0.35±0.16 b | 0.36±0.08 b | 1.34±0.09 b | 3.51±0.45 b | 92.61±1.11 a |
| | 深松模式 | 1.29±1.07 a | 0.69±0.36 a | 0.49±0.01 b | 0.29±0.06 b | 1.19±0.23 b | 7.87±1.50 a | 88.19±0.70 b |
| 40～50 cm | 农户模式 | 0.51±0.09 a | 0.66±0.47 a | 1.09±0.03 a | 0.89±0.19 a | 2.16±0.22 b | 7.51±1.42 c | 87.17±2.41 a |
| | 深翻模式 | 0.62±0.53 a | 0.35±0.22 a | 1.01±0.35 a | 0.77±0.18 a | 2.58±0.18 b | 9.24±0.32 b | 85.44±0.77 a |
| | 深松模式 | 1.45±0.93 a | 0.47±0.24 a | 0.60±0.33 a | 0.75±0.12 a | 3.20±0.35 a | 13.60±0.19 a | 79.94±1.10 b |

粒径土壤水稳性团聚体含量（$P<0.05$）。在 20～30 cm 土层，农户模式下 3～5 mm 粒径土壤水稳性团聚体含量较深翻模式和深松模式显著增加了 183.8%和 162.5%，而＜0.25 mm 粒径土壤水稳性团聚体含量却分别显著降低了 2.5%和 3.3%（$P<0.05$）；深松模式与农户模式和深翻模式相比显著降低了 1～2 mm 和 0.5～1 mm 粒径土壤水稳性团聚体含量，而与农户模式相比 2～3 mm 粒径土壤水稳性团聚体含量显著降低了 67.5%（$P<0.05$）。在 30～40 cm 土层，农户模式较深翻模式和深松模式显著增加了 2～3 mm、1～2 mm 和 0.5～1 mm 粒径土壤水稳性团聚体含量，而显著降低了＜0.25 mm 粒径土壤水稳性团聚体含量（$P<0.05$）；深翻模式 0.25～0.5 mm 粒径土壤水稳性团聚体含量较农户模式和深松模式分别显著降低了 55.2%和 55.4%。在 40～50 cm 土层，深松模式与农户模式和深翻模式相比显著增加了 0.5～1 mm 和 0.25～0.5 mm 粒径土壤水稳性团聚体含量，但显著降低了＜0.25 mm 粒径土壤水稳性团聚体含量（$P<0.05$）。

#### 3.1.5.4 夏闲期耕作下土壤水稳性团聚体稳定性评价

分析夏闲期耕作模式下冬小麦播种前土壤水稳性团聚体的 MWD、GMD 和 $D$ 值可知（表 3-15），在 0～10 cm 土层，深翻模式下土壤水稳性团聚体的 GMD 值与农户模式相比显著降低了 4.4%，而 $D$ 值却显著高于农户模式和深松模式（$P<0.05$）。在 10～20 cm 土层，农户模式下土壤水稳性团聚体的 MWD 和 GMD 值显著高于深翻模式和深松模式，而深翻模式下的 $D$ 值较农户模式和深松模式分别显著增加了 0.7%和 0.3%（$P<0.05$）。在 20～30 cm 土层，农户模式下土壤水稳性团聚体的 MWD 值与深松模式相比显著增加了 66.7%（$P<0.05$），而各处理间土壤水稳性团聚体的 GMD 和 $D$ 值则均无显著差异。在 30～40 cm 土层，农户模式较深翻模式和深松模式相比显著增加了土壤水稳性团聚体的 MWD 和 GMD 值，显著降低了 $D$ 值（$P<0.05$）。在 40～50 cm 土层，农户模式下土壤水稳性团聚体 GMD 值较深翻模式和深松模式均显著增加了 6.5%，而与深松模式相比 MWD 值显著增加了 84.0%，农户模式与深翻模式相比显著降低了 $D$ 值（$P<0.05$）。

**表 3-15 不同夏闲期耕作模式下旱地冬小麦播种前土壤水稳性团聚体稳定性分析**

| 土壤深度 | 处理 | MWD/mm | GMD/mm | $D$ 值 |
|---|---|---|---|---|
| 0～10 cm | 农户模式 | 0.29±0.05 a | 0.46±0.01 a | 2.95±0.01 b |
| | 深翻模式 | 0.23±0.04 a | 0.44±0.01 b | 2.98±0.00 a |
| | 深松模式 | 0.25±0.03 a | 0.45±0.01 ab | 2.96±0.00 b |
| 10～20 cm | 农户模式 | 0.38±0.09 a | 0.47±0.01 a | 2.96±0.01 b |
| | 深翻模式 | 0.18±0.01 b | 0.43±0.00 b | 2.98±0.00 a |
| | 深松模式 | 0.21±0.02 b | 0.44±0.01 b | 2.97±0.00 b |

续表

| 土壤深度 | 处理 | MWD/mm | GMD/mm | D 值 |
|---|---|---|---|---|
| 20～30 cm | 农户模式 | 0.30±0.06 a | 0.44±0.01 a | 2.98±0.01 a |
| | 深翻模式 | 0.20±0.04 ab | 0.44±0.01 a | 2.97±0.01 a |
| | 深松模式 | 0.18±0.02 b | 0.43±0.00 a | 2.98±0.00 a |
| 30～40 cm | 农户模式 | 0.35±0.11 a | 0.47±0.03 a | 2.95±0.02 b |
| | 深翻模式 | 0.18±0.02 b | 0.42±0.00 b | 2.99±0.00 a |
| | 深松模式 | 0.17±0.02 b | 0.42±0.00 b | 2.99±0.00 a |
| 40～50 cm | 农户模式 | 0.46±0.07 a | 0.49±0.01 a | 2.94±0.01 b |
| | 深翻模式 | 0.35±0.02 ab | 0.46±0.00 b | 2.96±0.00 a |
| | 深松模式 | 0.25±0.06 b | 0.46±0.00 b | 2.95±0.01 ab |

分析夏闲期耕作模式下冬小麦收获后土壤水稳性团聚体的 MWD、GMD 和 *D* 值变化可知（表 3-16），在 0～10 cm 土层，深翻模式下土壤水稳性团聚体的 MWD 值与农户模式相比显著降低了 46.0%，GMD 值较农户模式和深松模式分别显著降低了 7.7%和 4.0%，而 *D* 值却显著高于其他两种处理（$P<0.05$）。在 10～20 cm 土层，深翻模式下土壤水稳性团聚体的 GMD 值较农户模式和深松模式均显著降低了 4.0%，而 *D* 值却显著高于其他两种处理（$P<0.05$）。在 20～30 cm 土层，与深翻模式和深松模式相比，农户模式显著增加了土壤水稳性团聚体的 MWD 和 GMD 值，而 *D* 值则显著低于其他两种处理（$P<0.05$）。在 30～40 cm 土层，农户模式较深翻模式相比显著增加了 GMD 值（$P<0.05$），但深翻模式与农户模式和深松模式相比显著降低了 *D* 值。在 40～50 cm 土层，深松模式与其他两个处理相比显著降低了 *D* 值（$P<0.05$），而各处理间的 MWD 和 GMD 值则无显著差异。

**表 3-16　不同夏闲期耕作模式下旱地冬小麦收获后土壤水稳性团聚体稳定性分析**

| 土壤深度 | 处理 | MWD/mm | GMD/mm | *D* 值 |
|---|---|---|---|---|
| 0～10 cm | 农户模式 | 0.37±0.07 a | 0.52±0.01 a | 2.95±0.00 c |
| | 深翻模式 | 0.20±0.00 b | 0.48±0.00 c | 2.99±0.00 a |
| | 深松模式 | 0.27±0.05 ab | 0.50±0.01 b | 2.96±0.00 b |
| 10～20 cm | 农户模式 | 0.28±0.02 a | 0.50±0.00 a | 2.97±0.00 b |
| | 深翻模式 | 0.23±0.03 a | 0.48±0.00 b | 2.99±0.00 a |
| | 深松模式 | 0.26±0.04 a | 0.50±0.01 a | 2.97±0.00 b |
| 20～30 cm | 农户模式 | 0.31±0.01 a | 0.50±0.00 a | 2.97±0.00 b |
| | 深翻模式 | 0.26±0.02 b | 0.49±0.00 b | 2.98±0.00 a |
| | 深松模式 | 0.28±0.01 b | 0.49±0.00 b | 2.98±0.00 a |

续表

| 土壤深度 | 处理 | MWD/mm | GMD/mm | *D* 值 |
|---|---|---|---|---|
| 30～40 cm | 农户模式 | 0.34±0.01 a | 0.51±0.00 a | 2.97±0.00 b |
| | 深翻模式 | 0.31±0.08 a | 0.49±0.01 b | 2.98±0.00 a |
| | 深松模式 | 0.33±0.11 a | 0.50±0.01 ab | 2.97±0.00 b |
| 40～50 cm | 农户模式 | 0.30±0.06 a | 0.50±0.01 a | 2.97±0.01 a |
| | 深翻模式 | 0.30±0.04 a | 0.51±0.01 a | 2.96±0.00 a |
| | 深松模式 | 0.37±0.08 a | 0.52±0.01 a | 2.95±0.00 b |

综合机械稳定性团聚体和水稳性团聚体的稳定性进行评价得出（表 3-17），在 0～10 cm 和 10～20 cm 土层，在冬小麦播种前和收获后各指标间的变化趋势基本相同，均为深翻模式下的稳定率显著低于农户模式和深松模式，而破坏率和不稳定团粒指数均显著高于其他两个处理（$P<0.05$）。在 20～30 cm 土层，冬小麦播种前各指标间均无显著差异；而收获后农户模式与其他两个处理相比显著增加了稳定率，却显著降低了破坏率和不稳定团粒指数（$P<0.05$）。在 30～40 cm 土层，冬小麦播种前和收获后团聚体稳定率和破坏率变化相同，农户模式与其他两种处理相比显著增加了稳定率，降低了破坏率（$P<0.05$）；冬小麦播种前深翻模式下的土壤团聚体不稳定团粒指数显著高于农户模式，而收获后深翻模式下的不稳定团粒指数显著高于另外两个处理（$P<0.05$）。在 40～50 cm 土层，冬小麦播种前，深翻模式与农户模式相比显著降低了团聚体稳定率，显著增加了破坏率和不稳定团粒指数，而深松模式下的团聚体稳定性指标与其他两种处理相比均无显著差异（$P<0.05$）；冬小麦收获后，深松模式下的稳定率显著高于其他两种处理，而破坏率和不稳定团粒指数则显著低于另外两种处理（$P<0.05$）。

**表 3-17　不同夏闲期耕作模式下土壤团聚体稳定性评价**

| 土壤深度 | 处理 | 播种前 | | | 收获后 | | |
|---|---|---|---|---|---|---|---|
| | | 稳定率/% | 破坏率/% | 不稳定团粒指数 | 稳定率/% | 破坏率/% | 不稳定团粒指数 |
| 0～10 cm | 农户模式 | 18.16±3.96 a | 95.41±0.88 b | 96.81±0.69 b | 18.69±1.60 a | 95.25±0.27 c | 96.67±0.29 b |
| | 深翻模式 | 10.46±1.45 b | 97.36±0.38 a | 97.91±0.29 a | 5.30±0.19 c | 98.67±0.05 a | 98.93±0.04 a |
| | 深松模式 | 17.71±1.50 a | 95.48±0.44 b | 96.78±0.27 b | 15.47±2.09 b | 96.09±0.45 b | 96.96±0.41 b |
| 10～20 cm | 农户模式 | 17.27±2.85 a | 95.58±0.64 b | 96.95±0.48 b | 10.90±0.89 a | 97.28±0.24 b | 97.89±0.17 b |
| | 深翻模式 | 8.46±1.45 b | 97.88±0.35 a | 98.25±0.30 a | 5.91±0.90 b | 98.52±0.22 a | 98.66±0.20 a |
| | 深松模式 | 14.37±2.13 a | 96.36±0.51 b | 97.35±0.39 b | 12.05±0.97 a | 96.95±0.27 b | 97.40±0.21 c |

续表

| 土壤深度 | 处理 | 播种前 | | | 收获后 | | |
|---|---|---|---|---|---|---|---|
| | | 稳定率/% | 破坏率/% | 不稳定团粒指数 | 稳定率/% | 破坏率/% | 不稳定团粒指数 |
| 20～30 cm | 农户模式 | 10.85±2.57 a | 97.20±0.72 a | 97.69±0.58 a | 11.83±0.91 a | 97.02±0.31 b | 97.62±0.18 b |
| | 深翻模式 | 12.33±2.31 a | 96.92±0.43 a | 97.51±0.46 a | 9.56±1.11 b | 97.58±0.30 a | 98.15±0.22 a |
| | 深松模式 | 8.13±0.48 a | 97.96±0.13 a | 98.39±0.10 a | 8.87±0.25 b | 97.77±0.08 a | 97.97±0.06 a |
| 30～40 cm | 农户模式 | 19.70±9.35 a | 95.10±2.34 b | 96.54±1.65 b | 13.88±0.86 a | 96.55±0.11 c | 97.40±0.19 b |
| | 深翻模式 | 6.49±0.50 b | 98.38±0.10 a | 98.68±0.10 a | 7.39±1.11 c | 98.14±0.28 a | 98.57±0.22 a |
| | 深松模式 | 6.62±0.10 b | 98.34±0.03 a | 98.78±0.02 a | 11.81±0.70 b | 97.04±0.15 b | 97.41±0.16 b |
| 40～50 cm | 农户模式 | 24.54±3.33 a | 93.68±0.98 b | 95.63±0.61 b | 12.83±2.40 b | 96.80±0.65 a | 97.71±0.43 a |
| | 深翻模式 | 18.27±0.77 b | 95.43±0.03 a | 96.45±0.15 a | 14.56±0.78 b | 96.33±0.29 a | 97.07±0.16 b |
| | 深松模式 | 21.81±1.78 ab | 94.52±0.36 ab | 96.06±0.32 ab | 20.05±1.10 a | 94.95±0.37 b | 95.68±0.24 c |

## 3.2　夏闲期耕作对旱地麦田土壤速效养分的影响

土壤速效养分能够直接被作物吸收利用，是作物获得高产稳产的保证。土壤耕作、有机肥施用及秸秆还田等农作管理措施能够改变耕层土壤速效养分的时空分布，进而影响作物生长发育及产量形成。本研究主要分析不同夏闲期耕作模式下旱地麦田土壤碱解氮、速效磷和速效钾含量变化及其层化率，为旱地麦田土壤质量评价提供一定的理论依据。

### 3.2.1　夏闲期耕作对旱地麦田土壤碱解氮及其层化率的影响

小麦播种前和收获后，对不同耕作模式下 0～50 cm 剖面各层土壤碱解氮含量分析可以看出（图 3-10），播种前，深翻模式和深松模式下 0～10 cm 层次的土壤碱解氮含量较农户模式显著增加了 27.3%和 39.5%（$P<0.05$），但前两者之间差异不显著；10～20 cm 土层，深翻模式下土壤碱解氮含量显著低于农户模式和深松模式（$P<0.05$），后两者间差异不显著；深松模式下土壤 20～30 cm 和 30～40 cm 层次的土壤碱解氮含量显著高于其他两种耕作模式（$P<0.05$），但农户模式和深翻模式间差异不显著；另外，深翻模式下 40～50 cm 层次的土壤碱解氮含量最高，显著高于其他两种模式（$P<0.05$），但农户模式和深松模式间差异不显著。小麦收获后，0～10 cm 土层，深翻模式下土壤碱解氮含量较农户模式显著增加了 43.1%（$P<0.05$），两者与深松模式间差异不显著；10～40 cm 各土层，均以深翻模式下土壤碱解氮含量最高，显著高于农户模式和深松模式（$P<0.05$），其中 10～20 cm 土层后两者间差异不显著，20～30 cm 和 30～40 cm 则深松模式显著高于

农户模式（$P$<0.05）；40～50 cm 土层，农户模式下土壤碱解氮含量最低，其分别较深翻模式和深松模式显著降低了 43.1%和 52.5%（$P$<0.05），但后两者间差异不显著。

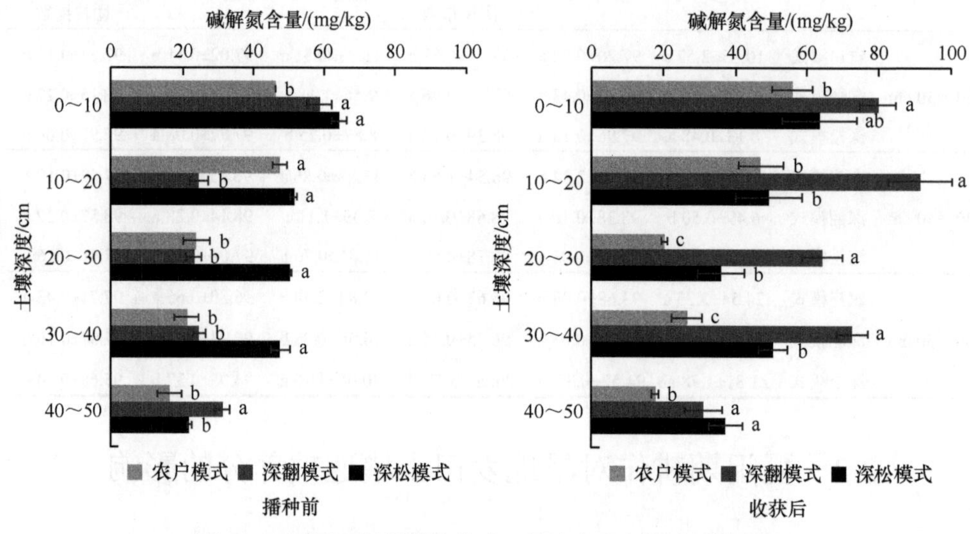


图 3-10　不同夏闲期耕作模式下旱地麦田土壤碱解氮含量

分析不同耕作模式下各土深比碱解氮含量的层化率可以看出（表 3-18），随着土壤深度的增加，其总体上表现为增加的变化趋势。播种前，深翻模式下 0～10 cm∶10～20 cm 土壤碱解氮含量的层化率最高，为 2.43，显著高于其他两个模式（$P$<0.05）。土深比为 0～10 cm∶20～30 cm 和 0～10 cm∶30～40 cm 时，深翻模式下土壤碱解氮含量的层化率与农户模式下的无显著差异，但均显著高于深松模式（$P$<0.05）。土深比为 0～10 cm∶40～50 cm 时，耕作模式对土壤碱解氮含量的层化率无显著影响。

**表 3-18　不同夏闲期耕作模式下旱地麦田土壤碱解氮含量的层化率**

| 取样时期 | 处理 | 土深比 | | | |
|---|---|---|---|---|---|
| | | 0～10 cm∶10～20 cm | 0～10 cm∶20～30 cm | 0～10 cm∶30～40 cm | 0～10 cm∶40～50 cm |
| 播种前 | 农户模式 | 0.97±0.05 b | 1.99±0.36 ab | 2.26±0.47 a | 2.93±0.63 a |
| | 深翻模式 | 2.43±0.41 a | 2.66±0.21 a | 2.42±0.35 a | 1.87±0.02 a |
| | 深松模式 | 1.22±0.04 b | 1.29±0.05 b | 1.37±0.05 b | 3.01±0.28 a |

续表

| 取样时期 | 处理 | 土深比 | | | |
|---|---|---|---|---|---|
| | | 0～10 cm：10～20 cm | 0～10 cm：20～30 cm | 0～10 cm：30～40 cm | 0～10 cm：40～50 cm |
| 收获后 | 农户模式 | 1.12±0.25 ab | 2.79±0.30 a | 2.29±0.79 a | 3.16±0.52 a |
| | 深翻模式 | 0.88±0.16 b | 1.23±0.27 b | 1.08±0.02 a | 2.61±0.38 a |
| | 深松模式 | 1.29±0.13 a | 1.81±0.41 b | 1.28±0.38 a | 1.71±0.28 b |

小麦收获后，深翻模式下土深比为 0～10 cm：10～20 cm 时相应的土壤碱解氮含量的层化率最低，仅为 0.88，显著低于其他两个模式（$P$<0.05）；土深比为 0～10 cm：20～30 cm 时，深翻模式下土壤碱解氮含量的层化率略低于深松模式，两者间无显著差异，但二者均显著低于农户模式（$P$<0.05）。土深比为 0～10 cm：30～40 cm 时，不同的耕作模式对土壤碱解氮含量的层化率无显著差异性的影响。土深比为 0～10 cm：40～50 cm 时，不同耕作模式下土壤碱解氮含量的层化率表现为农户模式>深翻模式>深松模式，前两个处理之间差异不显著，但均显著高于深松模式（$P$<0.05）。

### 3.2.2　夏闲期耕作对旱地麦田土壤速效磷及其层化率的影响

对不同耕作模式下 0～50 cm 剖面各层土壤速效磷含量分析得出（图 3-11），播种前，深松模式下 0～10 cm 和 10～20 cm 土层的速效磷含量显著高于农户模式和深翻模式（$P$<0.05），其中 0～10 cm 土层后两者间无显著差异，而 10～20 cm 深翻模式显著高于农户模式（$P$<0.05）；20～30 cm 土层，不同耕作模式下土壤的速效磷含量表现为深翻模式>深松模式>农户模式，各处理间差异显著（$P$<0.05）；30～40 cm 土层，农户模式下土壤速效磷含量最低，较深翻模式和深松模式显著降低了 70.6%和 63.6%，后两者间无显著差异；农户模式 40～50 cm 土层速效磷含量亦显著低于深翻模式和深松模式。小麦收获后，农户模式下 0～10 cm 土层的速效磷含量较深翻模式和深松模式显著降低了 51.9%和 59.9%（$P$<0.05），后两者间差异不显著；10～20 cm 土层的速效磷含量表现为深松模式>深翻模式>农户模式，其中，深松模式显著高于农户模式（$P$<0.05）；深翻模式和深松模式下 20～30 cm 和 40～50 cm 土层速效磷含量均显著高于农户模式，但前两者间差异不显著（$P$<0.05）；30～40 cm 土层的速效磷含量表现为深翻模式>深松模式>农户模式，各处理间差异显著（$P$<0.05）。

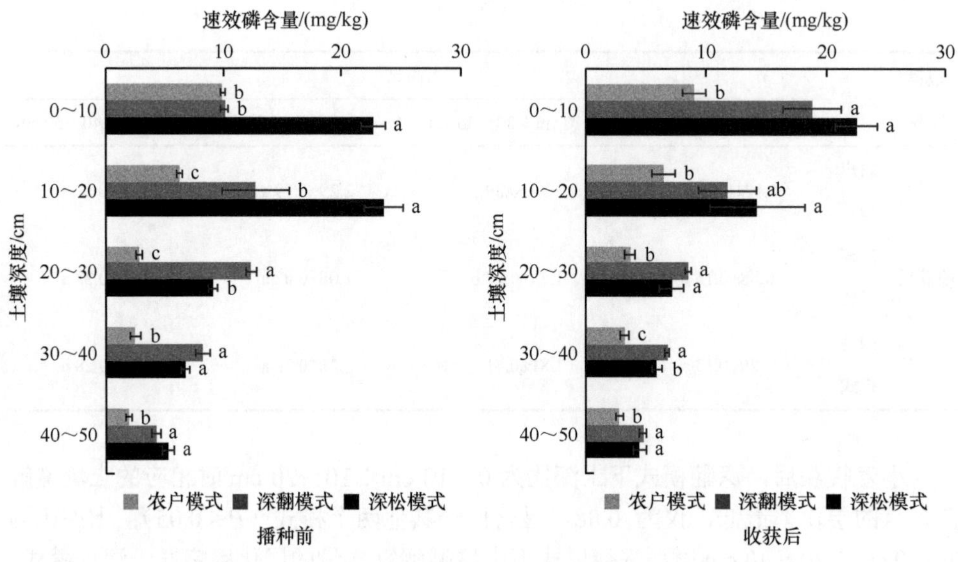


图 3-11 不同夏闲期耕作模式下旱地麦田土壤速效磷含量

分析不同耕作模式下土壤速效磷含量的层化率可以看出（表 3-19），随土壤深度的增加，表层土壤与各亚层土壤速效磷含量的层化率呈逐渐增加的趋势。小麦播种前，农户模式下 0～10 cm 与各土层速效磷含量的层化率均高于深翻模式和深松模式，其中在土深比为 0～10 cm∶10～20 cm 和 0～10 cm∶20～30 cm 时达到显著水平，土深比为 0～10 cm∶30～40 cm 和 0～10 cm∶40～50 cm 时，较深翻模式达到显著水平（$P$<0.05）；深松模式下，仅在土深比为 0～10 cm∶10～20 cm 时土壤速效磷含量的层化率与深翻模式间差异不显著，其余土深比情况下均显著高于深翻模式（$P$<0.05）。小麦收获后，各耕作处理之间 0～10 cm 与 10～40 cm 各土层速效磷含量的层化率差异不显著；农户模式下 0～10 cm∶40～50 cm 土壤速效磷含量的层化率显著低于深松模式（$P$<0.05）。

**表 3-19 不同夏闲期耕作模式下旱地麦田土壤速效磷含量层化率**

| 取样时期 | 处理 | 土深比 | | | |
|---|---|---|---|---|---|
| | | 0～10 cm∶10～20 cm | 0～10 cm∶20～30 cm | 0～10 cm∶30～40 cm | 0～10 cm∶40～50 cm |
| 播种前 | 农户模式 | 1.61±0.10 a | 3.67±0.47 a | 4.22±0.87 a | 5.36±0.97 a |
| | 深翻模式 | 0.85±0.29 b | 0.82±0.02 c | 1.23±0.15 b | 2.43±0.37 b |
| | 深松模式 | 0.96±0.04 b | 2.48±0.05 b | 3.40±0.10 a | 4.37±0.32 a |

续表

| 取样时期 | 处理 | 土深比 | | | |
|---|---|---|---|---|---|
| | | 0～10 cm：10～20 cm | 0～10 cm：20～30 cm | 0～10 cm：30～40 cm | 0～10 cm：40～50 cm |
| 收获后 | 农户模式 | 1.42±0.32 a | 2.54±0.68 a | 2.86±0.66 a | 3.36±0.86 b |
| | 深翻模式 | 1.70±0.67 a | 2.22±0.44 a | 2.75±0.35 a | 3.96±0.80 ab |
| | 深松模式 | 1.68±0.45 a | 3.23±0.78 a | 3.84±0.63 a | 5.07±0.71 a |

### 3.2.3　夏闲期耕作对旱地麦田土壤速效钾及其层化率的影响

分析不同耕作模式下 0～50 cm 剖面的土壤速效钾含量变化可以看出（图 3-12），不论播种前还是收获后，随着土壤深度的增加，其含量总体上表现为逐渐降低的变化趋势。其中小麦播种前，土壤速效钾含量为 64.3～179.4 mg/kg，而收获后为 66.8～292.1 mg/kg。

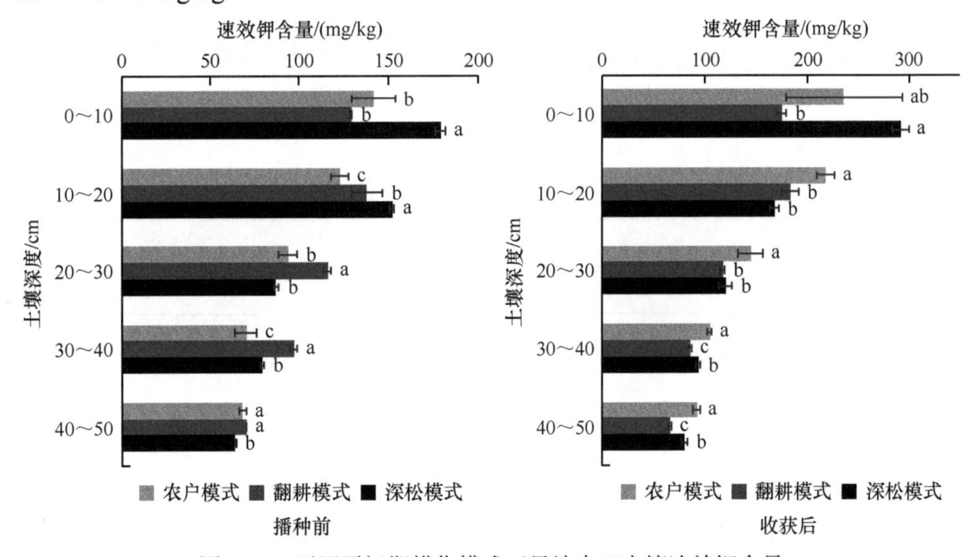


图 3-12　不同夏闲期耕作模式下旱地麦田土壤速效钾含量

小麦播种前（图 3-12），深松模式下，0～10 cm 和 10～20 cm 土层的速效钾含量均为最高，分别为 179.4 mg/kg 和 152.4 mg/kg，其显著高于农户模式和深翻模式（$P$<0.05），另外 0～10 cm 土层后两者间差异不显著，但 10～20 cm 土层则深翻模式显著高于农户模式（$P$<0.05）；深翻模式 20～30 cm 和 30～40 cm 土层速效钾含量最高，分别为 116.1 mg/kg 和 97.5 mg/kg，其显著高于农户模式和深松

模式（$P<0.05$），但 20～30 cm 土层后两者间差异不显著，深松模式 30～40 cm 土层速效钾含量显著高于农户模式（$P<0.05$）；40～50 cm 土层，深松模式土壤速效钾含量最低，为 64.3 mg/kg，其显著低于农户模式和深翻模式（$P<0.05$）。小麦收获后，与播种前类似，0～10 cm 土层土壤速效钾含量表现为深松模式＞农户模式＞深翻模式，其中深松模式较深翻模式显著增加了 67.4%（$P<0.05$），但两处理与农户模式间差异均不显著；10～20 cm 和 20～30 cm 土层，均以农户模式下土壤速效钾含量最高，分别为 218.6 mg/kg 和 145.0 mg/kg，其显著高于深翻模式和深松模式（$P<0.05$），但后两者间差异不显著；30～40 cm 和 40～50 cm 土层，各处理下土壤速效钾含量均表现为农户模式＞深松模式＞深翻模式，且各处理间达到差异显著水平（$P<0.05$）。

分析不同耕作模式下不同土深比土壤速效钾含量的层化率可以看出（表 3-20），小麦播种前为 0.94～2.79，小麦收获后为 0.95～3.61；且随着土壤深度的加深，呈现为逐渐增加的变化趋势。小麦播种前，深翻模式下 0～10 cm 与其他各土层速效钾含量的层化率均为最低，分别为 0.94、1.11、1.33 和 1.83，均显著低于农户模式和深松模式（$P<0.05$）；深松模式在 0～10 cm：20～30 cm 和 0～10 cm：40～50 cm 土深比下速效钾含量的层化率显著高于农户模式（$P<0.05$），但在 0～10 cm：10～20 cm 和 0～10 cm：30～40 cm 土深比下与农户模式差异不显著。小麦收获后，深松模式下 0～10 cm 和其他各土层速效钾含量的层化率均为最高，分别为 1.74、2.43、3.10 和 3.61，均显著高于农户模式和深翻模式（$P<0.05$），而后两者间无显著差异。

**表 3-20　不同夏闲期耕作模式下旱地麦田土壤速效钾含量层化率**

| 取样时期 | 处理 | 土深比 | | | |
|---|---|---|---|---|---|
| | | 0～10 cm：10～20 cm | 0～10 cm：20～30 cm | 0～10 cm：30～40 cm | 0～10 cm：40～50 cm |
| 播种前 | 农户模式 | 1.16±0.16 a | 1.51±0.17 b | 2.04±0.33 a | 2.08±0.21 b |
| | 深翻模式 | 0.94±0.07 b | 1.11±0.03 c | 1.33±0.04 b | 1.83±0.01 c |
| | 深松模式 | 1.18±0.03 a | 2.06±0.08 a | 2.25±0.05 a | 2.79±0.07 a |
| 收获后 | 农户模式 | 1.08±0.33 b | 1.64±0.53 b | 2.24±0.67 b | 2.52±0.66 b |
| | 深翻模式 | 0.95±0.02 b | 1.48±0.06 b | 2.02±0.03 b | 2.61±0.16 b |
| | 深松模式 | 1.74±0.09 a | 2.43±0.24 a | 3.10±0.11 a | 3.61±0.08 a |

## 3.3　夏闲期耕作对旱地麦田土壤酶活性的影响

土壤酶能够催化土壤中复杂的有机物质转化为简单的无机化合物，进而供植物吸收利用。一般农作管理措施（如耕作、施肥、秸秆还田等）能够引起土壤酶活性发生很大的改变。了解土壤酶活性变化亦是了解土壤质量的重要过程。

### 3.3.1　夏闲期耕作对旱地麦田土壤脲酶的影响

分析不同耕作模式下，0～50 cm 深度的土壤脲酶含量可以看出（图 3-13），小麦播种前为76.0～148.3 mg $NH_3$-N/(g·24h)，小麦收获后为35.4～82.3 mg $NH_3$-N/(g·24h)，且随着土壤深度的加深，其呈现出逐渐降低的变化趋势。

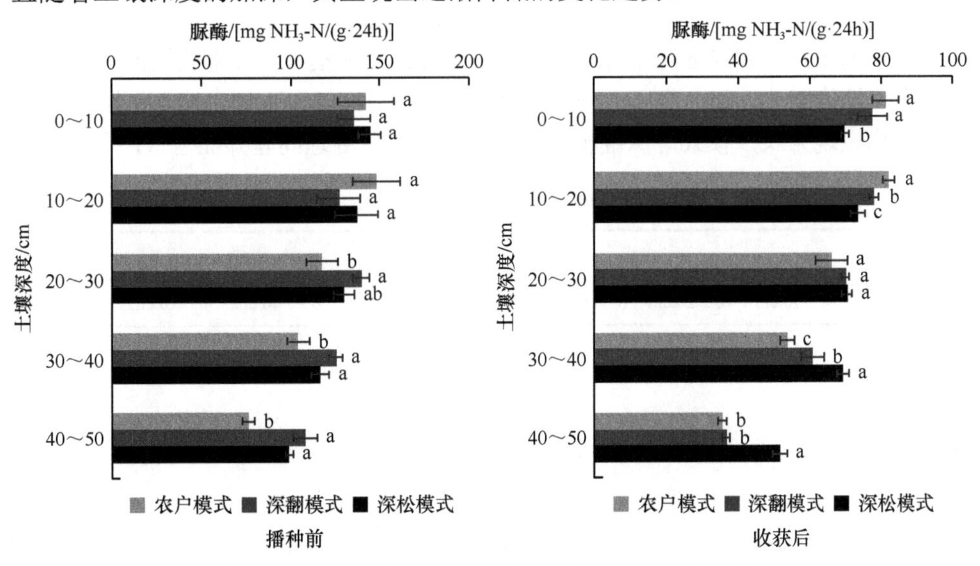


图 3-13 不同夏闲期耕作模式下旱地麦田土壤脲酶含量

小麦播种前，不同夏闲期耕作模式下 0～10 cm 和 10～20 cm 土层脲酶含量均以深翻模式最低，但 3 种耕作模式之间差异均不显著。在 20～30 cm 土层，农户模式下土壤脲酶含量最低，其较深翻模式显著降低了 15.7%（$P$<0.05），但两者与深松模式之间差异不显著。在 30～40 cm 和 40～50 cm 土层，土壤脲酶含量均在农户模式下为最低，分别为 104.1 mg $NH_3$-N/(g·24h)和 76.0 mg $NH_3$-N/(g·24h)，其均显著低于深翻模式和深松模式（$P$<0.05），但后两者之间差异不显著。

小麦收获后，深松模式 0～10 cm 土壤脲酶含量最低，为 70.0 mg $NH_3$-N/(g·24h)，其显著低于农户模式和深松模式（$P$<0.05）；另外农户模式土壤脲酶含量高于深翻模式，但是两模式之间差异不显著。在 10～20 cm 土层，土壤脲酶含量则表现为农户模式＞深翻模式＞深松模式，各处理间差异显著（$P$<0.05）。各耕作模式间 20～

30 cm 土层脲酶含量差异不显著。30～40 cm 土层，土壤脲酶含量则表现为深松模式＞深翻模式＞农户模式，各处理间差异显著（$P$＜0.05）。另外，深松模式下 40～50 cm 土层脲酶含量最高，为 51.5 mg $NH_3$-N/(g·24h)，较农户模式和深翻模式显著增加了 45.3%和 40.2%（$P$＜0.05），但是后两者之间差异不显著。

分析不同耕作模式下不同土深比土壤脲酶含量的层化率可以看出（表 3-21），随着土壤深度的加深基本上表现为逐渐增加的变化趋势，小麦播种前为 0.96～1.87，小麦收获后为 0.95～2.30。小麦播种前，0～10 cm∶10～20 cm 和 0～10 cm∶20～30 cm 土深比下各耕作模式间土壤脲酶含量的层化率差异不显著；0～10 cm∶30～40 cm 和 0～10 cm∶40～50 cm 土深比时，农户模式下土壤脲酶含量的层化率最高，分别为 1.37 和 1.87，其均显著高于深翻模式（$P$＜0.05），深翻模式和深松模式之间差异不显著。小麦收获后，0～10 cm∶10～20 cm 土深比下各耕作模式间土壤脲酶含量的层化率差异不显著；农户模式下 0～10 cm∶20～30 cm 土壤脲酶含量的层化率最高，为 1.23，其显著高于深松模式（$P$＜0.05），两模式与深翻模式间差异不显著；土深比为 0～10 cm∶30～40 cm 和 0～10 cm∶40～50 cm 时，土壤脲酶含量的层化率均表现为农户模式＞深翻模式＞深松模式，各处理间差异显著（$P$＜0.05）。

**表 3-21　不同夏闲期耕作模式下旱地麦田土壤脲酶含量层化率**

| 取样时期 | 处理 | 土深比 | | | |
|---|---|---|---|---|---|
| | | 0～10 cm∶10～20 cm | 0～10 cm∶20～30 cm | 0～10 cm∶30～40 cm | 0～10 cm∶40～50 cm |
| 播种前 | 农户模式 | 0.96±0.04 a | 1.22±0.20 a | 1.37±0.12 a | 1.87±0.18 a |
| | 深翻模式 | 1.08±0.10 a | 0.97±0.04 a | 1.09±0.11 b | 1.26±0.09 b |
| | 深松模式 | 1.06±0.05 a | 1.12±0.09 a | 1.24±0.05 ab | 1.46±0.08 b |
| 收获后 | 农户模式 | 0.99±0.04 a | 1.23±0.11 a | 1.52±0.10 a | 2.30±0.04 a |
| | 深翻模式 | 1.00±0.05 a | 1.11±0.04 ab | 1.28±0.04 b | 2.11±0.09 b |
| | 深松模式 | 0.95±0.03 a | 0.99±0.03 b | 1.01±0.03 c | 1.36±0.06 c |

### 3.3.2　夏闲期耕作对旱地麦田土壤 β-葡萄糖苷酶的影响

分析不同耕作模式下，0～50 cm 深度的土壤 β-葡萄糖苷酶活性可以看出

（图 3-14），小麦播种前为 10.6～121.9 μg PNPG/(g·24h)，小麦收获后为 5.0～161.4 μg PNPG/(g·24h)，且随着土壤深度的加深，其表现为明显的降低趋势。

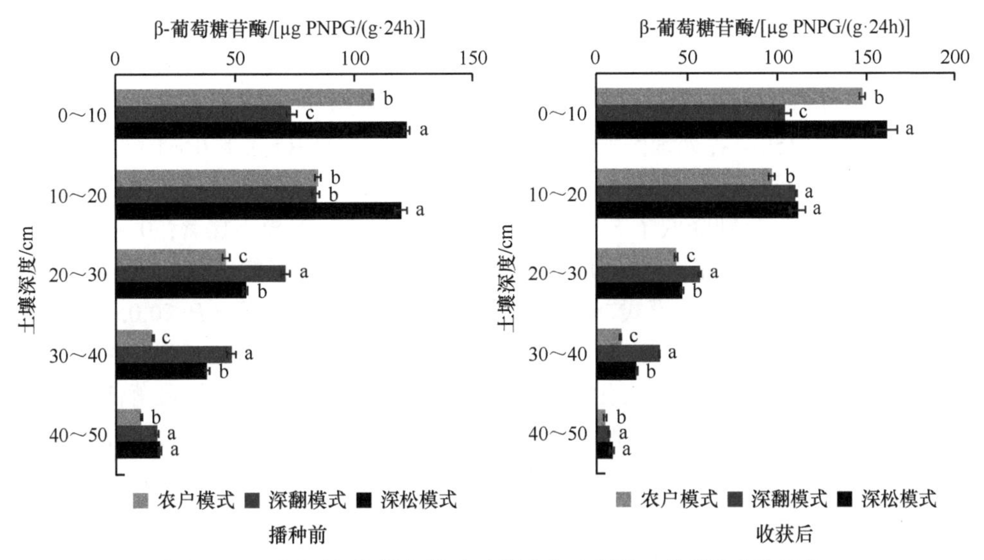


图 3-14　不同夏闲期耕作模式下旱地麦田土壤 β-葡萄糖苷酶活性

小麦播种前，不同夏闲期耕作模式下 0～10 cm 土层 β-葡萄糖苷酶活性均以深松模式最高，为 121.9 μg PNPG/(g·24h)，其次为农户模式，深翻模式下最低，为 73.8 μg PNPG/(g·24h)，各耕作模式之间差异显著（$P$<0.05）。深松模式下 10～20 cm 土层 β-葡萄糖苷酶活性最高，为 119.7 μg PNPG/(g·24h)，其显著高于农户模式和深翻模式（$P$<0.05），分别增加了 41.6%和 42.9%。在 20～30 cm 和 30～40 cm 土层，深翻模式下土壤 β-葡萄糖苷酶活性最高，分别为 71.3 μg PNPG/(g·24h)和 48.4 μg PNPG/(g·24h)，其次为深松模式，农户模式最低，各处理间均达到了显著差异水平（$P$<0.05）。在 40～50 cm 土层，农户模式下 β-葡萄糖苷酶活性最低，其显著低于深翻模式和深松模式（$P$<0.05），分别降低了 37.7%和 42.1%，但后两者之间差异不显著。

小麦收获后，不同夏闲期耕作模式下 0～10 cm 土层 β-葡萄糖苷酶活性表现与播种前类似，表现为深松模式最高，为 161.4 μg PNPG/(g·24h)，其次为农户模式，深翻模式下最低，为 103.8 μg PNPG/(g·24h)，各耕作模式之间差异显著（$P$<0.05）。农户模式下 10～20 cm 土层 β-葡萄糖苷酶活性最低，为 96.4 μg PNPG/(g·24h)，其显著低于深翻模式和深松模式（$P$<0.05），分别降低了 14.1%和 13.1%。在 20～30 cm 和 30～40 cm 土层，与播种前类似，深翻模式下土壤 β-葡萄糖苷酶活性最高，分别为 56.6 μg PNPG/(g·24h)和 34.7 μg PNPG/(g·24h)，其次为深松模式，农户模式最低，各处理间均达到了显著差异水平（$P$<0.05）。在 40～50 cm 土层，土壤 β-葡萄糖苷酶活性亦表现为农户模式下最低，其较深翻模式和深松模式显

著降低了38.2%和41.7%（$P$<0.05），但后两者之间差异不显著。

分析不同耕作模式下不同土深比土壤β-葡萄糖苷酶活性的层化率可以看出（表3-22），小麦播种前为0.88～10.17，小麦收获后为0.94～30.10；且随着土壤深度的加深基本上表现为逐渐增加的变化趋势。小麦播种前，不同夏闲期耕作措施下0～10 cm：10～20 cm土壤β-葡萄糖苷酶活性的层化率表现为农户模式>深松模式>深翻模式，各处理间差异显著（$P$<0.05）；深翻模式下0～10 cm：20～30 cm土壤β-葡萄糖苷酶活性的层化率最低，为1.04，显著低于农户模式和深松模式（$P$<0.05），分别降低了55.6%和53.8%，后两者间差异不显著；0～10 cm：30～40 cm和0～10 cm：40～50 cm土深比时，土壤β-葡萄糖苷酶活性的层化率均表现为农户模式>深松模式>深翻模式，各处理间差异显著（$P$<0.05）。小麦收获后，土深比为0～10 cm：10～20 cm和0～10 cm：20～30 cm时，深翻模式下土壤β-葡萄糖苷酶活性的层化率最低，分别为0.94和1.84，其均显著低于农户模式和深松模式（$P$<0.05），但后两者间差异不显著；土深比为0～10 cm：30～40 cm时，土壤β-葡萄糖苷酶活性的层化率表现为农户模式>深松模式>深翻模式，各处理间差异显著（$P$<0.05）；土深比为0～10 cm：40～50 cm时，农户模式下土壤β-葡萄糖苷酶活性的层化率最高，为30.10，显著高于深翻模式和深松模式（$P$<0.05），但后两者间差异不显著。

**表3-22 不同夏闲期耕作模式下旱地麦田土壤β-葡萄糖苷酶活性层化率**

| 取样时期 | 处理 | 土深比 | | | |
|---|---|---|---|---|---|
| | | 0～10 cm：10～20 cm | 0～10 cm：20～30 cm | 0～10 cm：30～40 cm | 0～10 cm：40～50 cm |
| 播种前 | 农户模式 | 1.28±0.02 a | 2.34±0.08 a | 6.97±0.09 a | 10.17±0.25 a |
| | 深翻模式 | 0.88±0.03 c | 1.04±0.05 b | 1.53±0.07 c | 4.34±0.26 c |
| | 深松模式 | 1.02±0.03 b | 2.25±0.05 a | 3.19±0.04 b | 6.67±0.29 b |
| 收获后 | 农户模式 | 1.53±0.04 a | 3.39±0.09 a | 11.06±0.53 a | 30.10±4.77 a |
| | 深翻模式 | 0.94±0.03 b | 1.84±0.08 b | 2.99±0.11 c | 15.06±0.54 b |
| | 深松模式 | 1.46±0.10 a | 3.45±0.15 a | 7.32±0.25 b | 18.99±1.80 b |

## 3.4　土壤理化生特性间相关分析

分析旱地麦田土壤物理、化学及酶活性指标间的相关性得出（表 3-23），土壤容重与其他大多物理、化学及酶活性指标呈负相关性，其中，与土壤总孔隙度、充气孔隙度、轻组分土壤、速效磷含量、速效钾含量及β-葡萄糖苷酶和脲酶活性均呈极显著负相关（$P$<0.01），与重组分土壤呈极显著正相关（$P$<0.01）。土壤质量含水量与体积含水量、轻组分土壤、碱解氮含量、速效磷含量、速效钾含量及β-葡萄糖苷酶呈显著或极显著正相关性，而与重组分土壤呈显著负相关性（$P$<0.05）。土壤体积含水量与充气孔隙度呈极显著负相关性（$P$<0.01），与速效钾含量呈显著正相关性（$P$<0.05），与其他指标相关性不显著。土壤总孔隙度与充气孔隙度、轻组分土壤、碱解氮含量、速效磷含量、速效钾含量及β-葡萄糖苷酶和脲酶活性呈显著或极显著正相关性，与重组分土壤呈极显著负相关性（$P$<0.01）。土壤充气孔隙度与重组分土壤呈显著负相关性（$P$<0.05），与轻组分土壤、速效磷含量、β-葡萄糖苷酶和脲酶活性呈显著或极显著正相关性。土壤毛管孔隙度与各指标的相关性均不显著。重组分土壤与碱解氮含量、速效磷含量、速效钾含量、β-葡萄糖苷酶及脲酶活性呈显著或极显著负相关性，而轻组分土壤则与以上各指标呈显著或极显著正相关性。土壤碱解氮与速效磷含量、速效钾含量和β-葡萄糖苷酶活性均呈极显著正相关性（$P$<0.01）；且速效磷含量和速效钾含量均与β-葡萄糖苷酶活性呈极显著正相关性（$P$<0.01），相关系数分别为 0.805 和 0.901。

分析旱地麦田土壤团聚体不同特性间的相关性得出（表 3-24），总体上，不论干筛还是湿筛处理，土壤团聚体稳定性指标之间相关性较小。其中，干筛团聚体的平均重量直径与几何平均直径呈极显著正相关性（$P$<0.01），相关系数为 0.965；与其他各指标相关性均较低。干筛团聚体的几何平均直径、分形维数与其他各指标的相关性均不显著。湿筛团聚体的平均重量直径与湿筛团聚体的几何平均直径、稳定率均呈极显著正相关性（$P$<0.01），相关系数分别为 0.687 和 0.706；与湿筛团聚体分形维数、破坏率及不稳定团粒指数呈极显著负相关性（$P$<0.01）。湿筛团聚体的几何平均直径与湿筛分形维数呈显著负相关性（$P$<0.05），与其他指标相关性不显著。湿筛团聚体的分形维数与团聚体稳定率呈极显著负相关性，与团聚体破坏率和不稳定团粒指数呈极显著正相关性（$P$<0.01）。土壤团聚体的稳定率与破坏率、不稳定团粒指数均呈极显著负相关性（$P$<0.01）；而破坏率与不稳定团粒指数之间则呈极显著正相关性，相关系数为 0.978。综上看出，干筛团聚体特性对土壤团聚体稳定性影响较小，而湿筛团聚体特性（尤其是平均重量直径和分形维数）对团聚体稳定性有很大影响。

表 3-23　旱地麦田土壤物理、化学及酶活性间相关分析

| | 土壤容重 | 质量含水量 | 体积含水量 | 总孔隙度 | 充气孔隙度 | 毛管孔隙度 | 重组分土壤 | 轻组分土壤 | 碱解氮 | 速效磷 | 速效钾 | β-葡萄糖苷酶 |
|---|---|---|---|---|---|---|---|---|---|---|---|---|
| 土壤容重 | 1 | | | | | | | | | | | |
| 质量含水量 | −0.344 | 1 | | | | | | | | | | |
| 体积含水量 | 0.109 | 0.885** | 1 | | | | | | | | | |
| 总孔隙度 | −0.967** | 0.317 | −0.153 | 1 | | | | | | | | |
| 充气孔隙度 | −0.806** | −0.221 | −0.645** | 0.854** | 1 | | | | | | | |
| 毛管孔隙度 | −0.199 | −0.007 | −0.124 | 0.242 | 0.253 | 1 | | | | | | |
| 重组分土壤 | 0.671** | −0.374* | −0.099 | −0.616** | −0.424* | −0.032 | 1 | | | | | |
| 轻组分土壤 | −0.671** | 0.374* | 0.099 | 0.616** | 0.424* | 0.032 | −1.000** | 1 | | | | |
| 碱解氮 | −0.394* | 0.515** | 0.339 | 0.383* | 0.118 | −0.061 | −0.372* | 0.372* | 1 | | | |
| 速效磷 | −0.722** | 0.427* | 0.106 | 0.703** | 0.488** | 0.221 | −0.531** | 0.531** | 0.578** | 1 | | |
| 速效钾 | −0.646** | 0.735** | 0.435* | 0.646** | 0.270 | 0.219 | −0.460* | 0.460* | 0.531** | 0.663** | 1 | |
| β-葡萄糖苷酶 | −0.786** | 0.645** | 0.293 | 0.770** | 0.441* | 0.254 | −0.694** | 0.694** | 0.604** | 0.805** | 0.901** | 1 |
| 脲酶 | −0.503** | −0.092 | −0.302 | 0.493** | 0.540** | 0.153 | −0.712** | 0.712** | 0.015 | 0.337 | 0.015 | 0.353 |

注：*和**分别表示各指标间在 0.05 和 0.01 水平上显著相关（下同）

**表 3-24　旱地麦田土壤团聚体特性间相关分析**

| | 干筛平均重量直径 | 干筛几何平均直径 | 干筛分形维数 | 湿筛平均重量直径 | 湿筛几何平均直径 | 湿筛分形维数 | 稳定率 | 破坏率 | 不稳定团粒指数 |
|---|---|---|---|---|---|---|---|---|---|
| 干筛平均重量直径 | 1 | | | | | | | | |
| 干筛几何平均直径 | 0.965** | 1 | | | | | | | |
| 干筛分形维数 | –0.171 | –0.199 | 1 | | | | | | |
| 湿筛平均重量直径 | 0.073 | 0.039 | –0.095 | 1 | | | | | |
| 湿筛几何平均直径 | 0.195 | 0.247 | –0.284 | 0.687** | 1 | | | | |
| 湿筛分形维数 | 0.009 | 0.070 | –0.170 | –0.739** | –0.392* | 1 | | | |
| 稳定率 | –0.010 | –0.096 | 0.148 | 0.706** | 0.284 | –0.973** | 1 | | |
| 破坏率 | 0.010 | 0.097 | –0.157 | –0.707** | –0.281 | 0.971** | –1.000** | 1 | |
| 不稳定团粒指数 | –0.161 | –0.077 | –0.105 | –0.705** | –0.342 | 0.956** | –0.979** | 0.978** | 1 |

总体上看，土壤物理、化学及酶活性指标对土壤团聚体稳定性的影响较小（表3-25）。其中，土壤容重、充气孔隙度、毛管孔隙度和速效钾含量与土壤团聚体特性各指标间均未达到显著相关性。土壤质量含水量、体积含水量与土壤团聚体干筛的相关指标均呈负相关性，与湿筛几何平均直径和湿筛分形维数呈正相关性，但基本上未达到显著水平（除体积含水量与湿筛分形维数）；其与土壤团聚体稳定率、破坏率均呈显著相关性（$P<0.05$）。土壤总孔隙度与干筛团聚体分形维数和稳定率均呈正相关性，与干筛几何平均直径达到显著相关（$P<0.05$）。除干筛团聚体的分形维数外，重组分和轻组分土壤与土壤团聚体其他各指标呈显著相关性（$P<0.05$）。速效磷与土壤湿筛团聚体的平均重量直径呈极显著负相关性（$P<0.01$）。β-葡萄糖苷酶与干筛团聚体平均重量直径和几何平均直径为显著负相关性（$P<0.05$），脲酶与湿筛团聚体的几何平均直径呈极显著负相关性（$P<0.01$）。

## 3.5 小　　结

不论旱地小麦播种前或收获后，在 0～50 cm 剖面上随着土壤深度的增加，土壤容重和重组分土壤比例逐渐增加，轻组分土壤比例、碱解氮含量、速效磷含量、速效钾含量、脲酶和 β-葡萄糖苷酶活性逐渐降低。此外，收获后，0～50 cm 剖面土壤质量含水量、体积含水量和储水量的变化随土深增加呈先升高后降低的变化趋势。

不论播种前还是收获后，不同耕作模式对 0～50 cm 剖面土壤容重和土壤孔隙（总孔隙度、充气孔隙度和毛管孔隙度）影响较小；收获后质量含水量和体积含水量较播种前分别增加了 28.8%～78.6%和 37.5%～87.5%，且深翻模式较其他处理明显增加了土壤质量含水量和体积含水量；深翻模式较其他处理明显降低了重组分土壤的比例。另外，在 0～40 cm 剖面，播种前深松模式下各土层的碱解氮含量高于其他处理，而收获后则深翻模式最高；播种前和收获后，农户模式下 0～50 cm 剖面的速效磷含量均显著低于其他处理；0～10 cm 土层速效钾含量则表现为深松模式＞农户模式＞深翻模式，此外，收获后 10～30 cm 土层速效钾含量在农户模式下最高。播种前与收获后土壤脲酶和 β-葡萄糖苷酶活性表现不一致。而各处理间不同土壤物理、化学和酶活性等指标在各土深比下的层化率亦表现不一致。

冬小麦播种前与收获后，深翻模式较其他处理增加了整个 0～50 cm 剖面＞0.25 mm 机械稳定性大团聚体数量，但显著降低了水稳性大团聚体数量；农户模式降低了＞0.25 mm 的机械稳定性大团聚体数量，但增加了大部分土层＞0.25 mm 的水稳性团聚体数量。播种前与收获后，与农户模式相比，深翻模式显著增加了 0～10 cm 土壤机械稳定性团聚体平均重量直径和几何平均直径，显著降低了分形维数；而＞10 cm 深度播种前和收获后不同耕作模式间土壤机械稳定性团聚体稳

**表 3-25　旱地麦田土壤物理化学酶活性与团聚体特性间相关分析**

| | 干筛平均重量直径 | 干筛几何平均直径 | 干筛分形维数 | 湿筛平均重量直径 | 湿筛几何平均直径 | 湿筛分形维数 | 稳定率 | 破坏率 | 不稳定团粒指数 |
|---|---|---|---|---|---|---|---|---|---|
| 土壤容重 | 0.357 | 0.359 | –0.322 | 0.207 | 0.210 | 0.075 | –0.067 | 0.073 | 0.026 |
| 质量含水量 | –0.345 | –0.261 | –0.072 | –0.191 | 0.218 | 0.322 | –0.368$^{*}$ | 0.366$^{*}$ | 0.355 |
| 体积含水量 | –0.196 | –0.098 | –0.193 | –0.124 | 0.289 | 0.399$^{*}$ | –0.439$^{*}$ | 0.440$^{*}$ | 0.404$^{*}$ |
| 总孔隙度 | –0.360 | –0.376$^{*}$ | 0.236 | –0.154 | –0.167 | –0.139 | 0.133 | –0.137 | –0.087 |
| 充气孔隙度 | –0.175 | –0.239 | 0.284 | –0.054 | –0.282 | –0.318 | 0.334 | –0.338 | –0.280 |
| 毛管孔隙度 | –0.195 | –0.259 | 0.089 | 0.042 | 0.042 | –0.242 | 0.236 | –0.233 | –0.197 |
| 重组分土壤 | 0.417$^{*}$ | 0.399$^{*}$ | –0.198 | 0.584$^{**}$ | 0.580$^{**}$ | –0.415$^{*}$ | 0.402$^{*}$ | –0.393$^{*}$ | –0.465$^{**}$ |
| 轻组分土壤 | –0.417$^{*}$ | –0.399$^{*}$ | 0.198 | –0.584$^{**}$ | –0.580$^{**}$ | 0.415$^{*}$ | –0.402$^{*}$ | 0.393$^{*}$ | 0.465$^{**}$ |
| 碱解氮 | –0.168 | –0.146 | 0.101 | –0.218 | 0.088 | 0.367$^{*}$ | –0.401$^{*}$ | 0.394$^{*}$ | 0.407$^{*}$ |
| 速效磷 | –0.266 | –0.254 | 0.179 | –0.471$^{**}$ | –0.228 | 0.189 | –0.187 | 0.181 | 0.196 |
| 速效钾 | –0.348 | –0.319 | 0.056 | –0.126 | 0.235 | 0.045 | –0.116 | 0.111 | 0.124 |
| β-葡萄糖苷酶 | –0.403$^{*}$ | –0.399$^{*}$ | 0.224 | –0.297 | –0.075 | 0.090 | –0.134 | 0.125 | 0.166 |
| 脲酶 | –0.325 | –0.403$^{*}$ | 0.338 | –0.417$^{*}$ | –0.840$^{**}$ | 0.070 | 0.012 | –0.017 | 0.056 |

定性表现有所差异。另外，播种前，深翻模式显著增加了 10～20 cm 土壤机械稳定性团聚体平均重量直径和几何平均直径，显著降低了分形维数，农户模式增加了 20～30 cm 土壤机械稳定性团聚体平均重量直径和几何平均直径，30～50 cm 各土层差异不大；收获后，深松模式增加了 20～50 cm 各土层机械稳定性团聚体的平均重量直径和几何平均直径，显著降低了分形维数。此外，冬小麦播种前与收获后，深翻模式降低了 0～50 cm 剖面各层次土壤团聚体的稳定率，增加了其破坏率和不稳定团粒指数；而农户模式则较其他处理增加了土壤团聚体的稳定率，降低了其破坏率和不稳定团粒指数。

# 第4章　不同夏闲期耕作模式下旱地麦田土壤有机碳及其组分

土壤有机碳含量的高低是评价土壤质量好坏的重要指标之一，其包括植物、动物及微生物遗体、排泄物、分泌物及其部分分解产物和土壤腐殖质。农田土壤有机碳含量的变化取决于土壤有机碳源输入和输出，而农作管理措施对该过程有很大影响。土壤耕作改变了农田地表微生态环境，能够影响土壤有机碳含量。另外，土壤耕作能够改变土壤结构等，进而改变不同组分土壤中有机碳的含量。本研究主要分析了不同夏闲期耕作模式下旱地麦田土壤有机碳、颗粒态和矿物结合态及团聚体中有机碳含量的变化。

## 4.1　夏闲期耕作对旱地麦田土壤有机碳及其层化率的影响

分析不同耕作模式下旱地小麦播种前和收获后 0～50 cm 剖面各层土壤有机碳含量可以看出（图 4-1），随着土壤深度的增加，各处理下土壤有机碳含量基本上呈逐渐降低的变化趋势。播种前，0～10 cm 土层，不同处理下旱地麦田土壤有机碳含量表现为深松模式＞农户模式＞深翻模式，各处理间差异显著（$P$＜0.05），深翻模式较深松模式和农户模式分别降低了 8.1%和 21.5%；10～20 cm 土层，农户模式下土壤有机碳含量最低，为 5.43 g/kg，较深翻模式和深松模式分别显著降低了 23.6%和 25.5%（$P$＜0.05），但后两者之间没有显著差异；20～30 cm 和 30～40 cm 土层，深翻模式下土壤有机碳含量均为最高，其次为深松模式、农户模式，各处理间均差异显著（$P$＜0.05）；40～50 cm 土层，深翻模式下土壤有机碳含量亦显著高于农户模式和深松模式，分别达到了 19.9%和 23.2%（$P$＜0.05）。另外，小麦收获后各处理的土壤有机碳的分布与播种前有所差异；0～10 cm 土层，夏闲期耕作模式对土壤有机碳含量的影响与播种前基本一致，表现为深松模式＞农户模式＞深翻模式，各处理间差异显著（$P$＜0.05）；10～20 cm 土层，与播种前类似，均表现为深松模式＞深翻模式＞农户模式，但不同的是农户模式与深翻模式间有机碳含量没有显著差异；20～30 cm 土层，深松处理下土壤有机碳含量最高，显著高于农户模式和深翻模式（$P$＜0.05），分别提高了 17.0%和 10.9%，后两者间没有显著差异；30～40 cm 土层，深松模式和深翻模式下土壤有机碳含量显著高于农户模式（$P$＜0.05），分别提高了 31.0%和 36.9%；40～50 cm 土层，深松模式下土壤有机碳含量显著高于农户模式和深翻模式（$P$＜0.05），后两者之间没有显著差异。

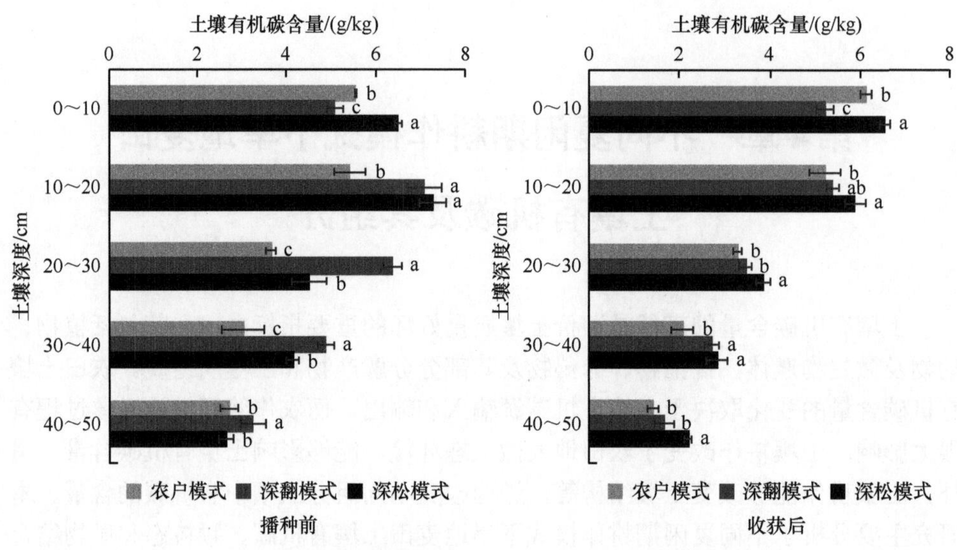


图 4-1　不同夏闲期耕作模式下旱地麦田土壤有机碳含量

播种前及收获后，3 种耕作模式下，不同土深比土壤有机碳含量的层化率情况如表 4-1 所示，播种前，深翻模式下 0～10 cm 与其他各土层有机碳含量的层化率均显著低于农户模式和深松模式（$P$＜0.05）；深松模式下 0～10 cm：10～20 cm 土壤有机碳层化率显著低于农户模式（$P$＜0.05），但土深比 0～10 cm：40～50 cm 时其显著高于农户模式（$P$＜0.05），两处理在土深比 0～10 cm：20～30 cm 和 0～10 cm：30～40 cm 时差异不显著。收获后，深翻模式下，土深比 0～10 cm：10～20 cm 下土壤有机碳的层化率显著低于农户模式和深松模式（$P$＜0.05），后两者之间差异不显著；土深比 0～10 cm：20～30 cm 下土壤有机碳的层化率表现为农户模式＞深松模式＞深翻模式，各处理间差异显著（$P$＜0.05）；农户模式下土深比 0～10 cm：30～40 cm 和 0～10 cm：40～50 cm 时土壤有机碳含量的层化率显著高于深翻模式和深松模式（$P$＜0.05），后两者间差异不显著。

**表 4-1　不同夏闲期耕作模式下旱地麦田土壤有机碳含量层化率**

| 取样时期 | 处理 | 土深比 | | | |
|---|---|---|---|---|---|
| | | 0～10 cm：10～20 cm | 0～10 cm：20～30 cm | 0～10 cm：30～40 cm | 0～10 cm：40～50 cm |
| 播种前 | 农户模式 | 1.03±0.07 a | 1.52±0.05 a | 1.86±0.30 a | 2.04±0.14 b |
| | 深翻模式 | 0.72±0.04 c | 0.80±0.01 b | 1.04±0.01 b | 1.57±0.11 c |
| | 深松模式 | 0.89±0.04 b | 1.45±0.15 a | 1.57±0.08 a | 2.46±0.14 a |

续表

| 取样时期 | 处理 | 土深比 | | | |
|---|---|---|---|---|---|
| | | 0～10 cm：10～20 cm | 0～10 cm：20～30 cm | 0～10 cm：30～40 cm | 0～10 cm：40～50 cm |
| 收获后 | 农户模式 | 1.18±0.07 a | 1.87±0.09 a | 2.99±0.33 a | 4.33±0.36 a |
| | 深翻模式 | 0.97±0.02 b | 1.51±0.08 c | 1.93±0.11 b | 3.17±0.49 b |
| | 深松模式 | 1.11±0.03 a | 1.71±0.05 b | 2.33±0.24 b | 2.98±0.15 b |

## 4.2　夏闲期耕作对旱地麦田土壤有机碳组分的影响

一般土壤有机碳大多以较为稳定的形态存在，稳定态土壤有机碳通常在短期内难以被分解，其很难反映农作管理措施变化对土壤总有机碳的影响。而诸如土壤易氧化有机碳、土壤颗粒态有机碳、土壤微生物量有机碳等活性有机碳含量虽然占土壤的比例较小，但是其对于农作管理措施变化的响应更加灵敏，能够在一定程度上反映农作管理措施对土壤有机碳的影响。

### 4.2.1　夏闲期耕作对旱地麦田土壤易氧化有机碳及其层化率的影响

通常土壤中易氧化有机碳含量很低，Loginow 等（1987）根据高锰酸钾氧化强度确定土壤中活性较强的有机碳部分。将土壤中能被 333 mmol/L 的高锰酸钾溶液氧化的有机碳称为易氧化有机碳，其动态变化能够有效反映出土壤碳库变化的灵敏指标。

#### 4.2.1.1　不同夏闲期耕作模式下旱地麦田土壤易氧化有机碳含量

小麦播种前和收获后，比较不同夏闲期耕作模式下 0～50 cm 深度的土壤易氧化有机碳含量可以看出（图 4-2），随着土壤深度的增加，土壤易氧化有机碳含量基本上呈逐渐降低的变化趋势。播种前，深松模式下 0～10 cm 层次土壤易氧化有机碳含量显著高于深翻模式（$P$＜0.05），达到 42.3%，而农户模式则与其他处理差异不显著；此外，深松模式下 10～20 cm 土层易氧化有机碳含量显著高于农户模式和深翻模式（$P$＜0.05），分别增加了 56.6%和 30.7%，而后两者之间差异不显著；20～30 cm 层次，土壤易氧化有机碳含量表现为深翻模式＞农户模式＞深松模式，各处理间差异显著（$P$＜0.05）；30～40 cm 土层，农户模式下易氧化有机碳含量显著低于深翻模式和深松模式（$P$＜0.05），分别降低了 56.0%和 52.6%，而后两者之间差异不显著；40～50 cm 土层易氧化有机碳含量则表现为深松模式显著高于深翻模式和农户模式（$P$<0.05），后两者之间差异不显著。收获后，0～10 cm、10～20 cm 和 20～30 cm 土层易氧化有机碳含量均表现为深松模式显著高于农户模式和深翻模式（$P$<0.05），分别增加了 16.4%和 10.7%、30.0%和 17.6%、30.8%和 15.9%；30～40 cm 土层易氧化有机碳含量则表现为农户模式显著低于深翻模式和深松模式（$P$<0.05），分别降低了 43.7%和 50.3%，但后两者间差异不显著；40～50 cm 土层的易氧化有机碳含量则表现为深松模式显著高于其他两种耕作模式（$P$<0.05），分别增加了 303.0%和 101.0%。

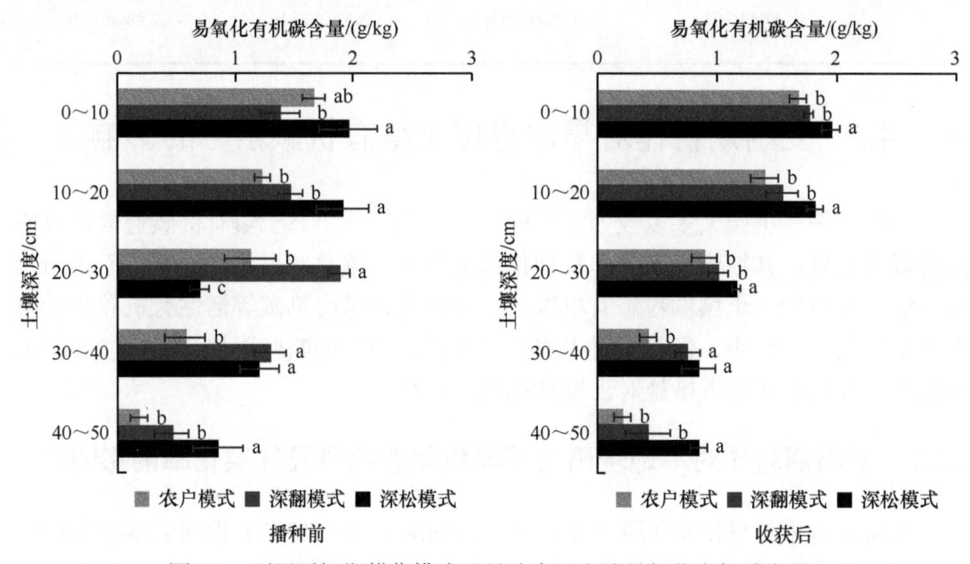


图 4-2　不同夏闲期耕作模式下旱地麦田土壤易氧化有机碳含量

### 4.2.1.2　不同夏闲期耕作模式下旱地麦田土壤易氧化有机碳层化率

分析比较不同夏闲期耕作模式下不同土深比土壤易氧化有机碳含量的层化率可以看出（表 4-2），播种前，农户模式下表层 0～10 cm 与 10～20 cm、30～40 cm 和 40～50 cm 层次土壤易氧化有机碳含量的层化率显著高于深翻和深松模式（$P$<0.05），而后两者间差异不显著；0～10 cm：20～30 cm 土壤易氧化有机碳含量的层化率均表现为深松模式>农户模式>深翻模式，各处理间差异显著（$P$<0.05）。收获后，土深比为 0～10 cm：10～20 cm 和 0～10 cm：20～30 cm 时，3 种耕作模式间土壤易氧化有机碳含量的层化率无显著差异；农户模式下，土深比为 0～10 cm：30～40 cm 时，土壤易氧化有机碳含量层化率显著高于深翻模式和深松模式（$P$<0.05），后两者间差异不显著；农户模式下，0～10 cm：40～50 cm 土壤易氧化有机碳含量层化率显著高于深松模式（$P$<0.05），深翻模式与两者间差异不显著。

**表 4-2　不同夏闲期耕作模式下旱地麦田土壤易氧化有机碳含量层化率**

| 取样时期 | 处理 | 土深比 | | | |
|---|---|---|---|---|---|
| | | 0～10 cm：10～20 cm | 0～10 cm：20～30 cm | 0～10 cm：30～40 cm | 0～10 cm：40～50 cm |
| 播种前 | 农户模式 | 1.37±0.14 a | 1.51±0.19 b | 3.12±1.00 a | 10.76±4.68 a |
| | 深翻模式 | 0.94±0.04 b | 0.74±0.12 c | 1.07±0.12 b | 3.18±0.67 b |
| | 深松模式 | 1.04±0.20 b | 2.92±0.70 a | 1.67±0.43 b | 2.39±0.48 b |
| 收获后 | 农户模式 | 1.20±0.06 a | 1.91±0.31 a | 4.06±0.52 a | 14.21±9.77 a |
| | 深翻模式 | 1.15±0.10 a | 1.77±0.13 a | 2.40±0.34 b | 5.05±2.83 ab |
| | 深松模式 | 1.08±0.07 a | 1.68±0.09 a | 2.37±0.48 b | 2.34±0.26 b |

### 4.2.2　夏闲期耕作对旱地麦田土壤颗粒态有机碳及其层化率的影响

土壤颗粒态有机碳通常是指直径为 53～2000 μm，与砂粒结合且有可能进一步结合在土壤大团聚体及微团聚体中的有机碳部分，更易为土壤微生物提供活动所需有机碳源而被矿化分解，属于土壤活性有机碳库（Cambardella and Elliott，1992）。土壤颗粒态有机碳的周转速度较快，其与土壤微生物生长、养分供给及碳氮的生物学调节有密切的关系，能够较好地反映土壤质量变化（龚伟等，2008）。

#### 4.2.2.1　不同夏闲期耕作模式下旱地麦田颗粒态土壤的比例

播种前，分析颗粒态土壤的比例随深度变化的规律得出（图 4-3），随着土壤深度的增加，各处理在 0～50 cm 剖面的变化规律有所不同；另外，0～10 cm 土层，深松模式下的颗粒态土壤比例最高，为 17.6%，深翻模式次之，两者间差异不显著，但均显著高于农户模式（$P$＜0.05）；10～20 cm 土层，深松模式下颗粒态土壤的比例最高，为 16.0%，其显著高于深翻模式（$P$＜0.05），但两处理与农户模式间均差异不显著；20～30 cm 土层，深松模式下的颗粒态土壤比例最高，为 14.4%，其显著高于农户模式（$P$＜0.05），但两者均与深翻模式间差异不显著；30～40 cm 土层，深翻模式下的颗粒态土壤比例最高，为 15.5%，其显著高于农户模式和深松模式（$P$＜0.05）；40～50cm 土层颗粒态土壤比例表现为深翻模式＞深松模式＞农户模式，各处理间差异显著。收获后，土壤深度为 0～10 cm 时，深松模式下颗粒态土壤的比例最高，为 15.6%，其显著高于深翻模式和农户模式（$P<0.05$），后两者间差异不显著；在 10～20 cm、20～30 cm 和 30～40 cm 土层，深翻模式下颗粒态土壤的比例均最高，分别较农户模式显著提高了 14.1%、15.7%和 17.1%（$P<0.05$）；另外，深松模式下 10～20 cm 层次颗粒态土壤的比例与其他处理间差异不显著；20～30 cm 则显著低于深翻模式（$P<0.05$），但与农户模式间差异不显著；30～40 cm 则与深翻模式间差异不显著，但显著高于农户模式（$P<0.05$）；土壤深度为 40～50 cm 时，3 种耕作模式下颗粒态土壤比例间的差异均未达显著水平。

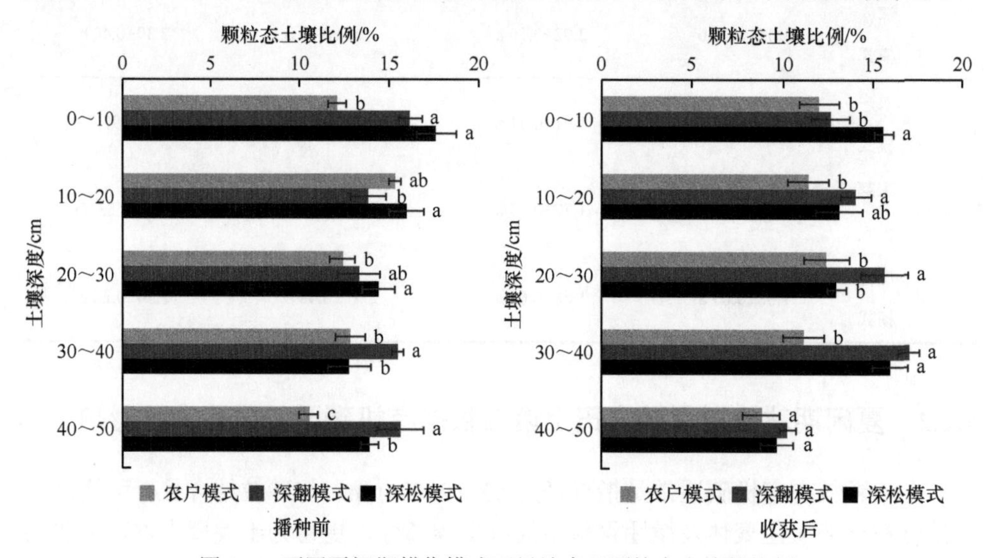


图 4-3　不同夏闲期耕作模式下旱地麦田颗粒态土壤的比例

### 4.2.2.2　不同夏闲期耕作模式下旱地麦田颗粒态土壤有机碳含量

分析不同夏闲期耕作模式旱地麦田颗粒态土壤有机碳含量得出（图 4-4），随土壤深度的增加，颗粒态土壤有机碳含量基本上呈逐渐降低的变化趋势。在小麦播种前，0～10 cm 土层，深翻模式下颗粒态土壤有机碳含量最低，为 9.75 g/kg，其较农户模式和深松模式显著降低了 23.5%和 24.2%（$P<0.05$），后两者间差异不显著。10～20 cm 土层，颗粒态土壤有机碳含量表现为深松模式＞深翻模式＞农户模式，各处理间差异显著（$P<0.05$）。20～30 cm 土层，颗粒态土壤有机碳含量表现为深翻模式＞农户模式＞深松模式，各处理间差异显著（$P<0.05$）。30～40 cm 土层，农户模式下颗粒态土壤有机碳含量最低，为 2.69 g/kg，其较深翻模式和深松模式分别显著降低了 57.9%和 54.5%（$P<0.05$）。40～50 cm 土层，3 种夏闲期耕作模式下颗粒态土壤有机碳含量均未达显著性差异。

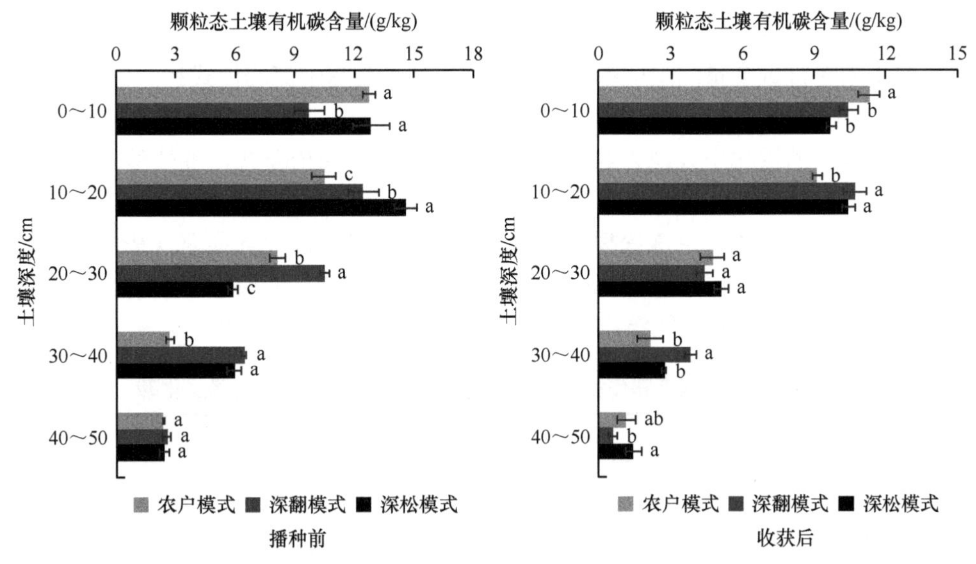


图 4-4　不同夏闲期耕作模式下旱地麦田颗粒态土壤有机碳含量

收获后，0～10 cm 土层，农户模式下颗粒态土壤有机碳含量最高，为 11.30 g/kg，其较深翻模式和深松模式分别显著增加了 8.0%和 16.1%（$P$<0.05），但后两者间差异不显著。10～20 cm 土层，农户模式下颗粒态土壤有机碳含量最低，约为 9.14 g/kg，其较深翻模式和深松模式分别显著降低了 14.8%和 12.5%（$P$<0.05），但后两者间差异不显著。20～30 cm 土层，颗粒态土壤有机碳含量表现为深松模式>农户模式>深翻模式，但各处理间差异不显著。30～40 cm 土层，深翻模式下颗粒态土壤有机碳含量最高，为 3.80 g/kg，其较农户模式和深松模式分别显著增加了 79.8%和 40.5%（$P$<0.05）。40～50 cm 土层，深松模式下颗粒态土壤有机碳含量最高，为 1.44 g/kg，其显著高于深翻模式（$P$<0.05），但两者与农户模式间均未达显著性差异。

### 4.2.2.3　不同夏闲期耕作模式下旱地麦田颗粒态土壤有机碳的层化率

进一步分析不同夏闲期耕作模式下旱地麦田颗粒态土壤有机碳含量层化率可以看出（表 4-3），随着土壤深度的增加，其均呈现逐渐增加的变化趋势。在播种前，农户模式下 0～10 cm∶10～20 cm 麦田颗粒态土壤有机碳含量的层化率最高，为 1.22，其显著高于深翻模式和深松模式（$P$<0.05），但后两者之间差异不显著；土深比为 0～10 cm∶20～30 cm 时，颗粒态土壤有机碳含量的层化率表现为深松模式>农户模式>深翻模式，各处理间差异显著（$P$<0.05）；土深比为 0～10 cm∶30～40 cm 时，颗粒态土壤有机碳含量的层化率则表现为农户模式>深松模式>深翻模式，各处理间差异显著（$P$<0.05）；深翻模式下 0～10 cm∶40～50 cm 颗粒态土壤有机碳含量的层化率最低，为 3.87，其显著低于农户模式和深翻模式（$P$

＜0.05），但后两者之间差异不显著。小麦收获后，农户模式 0～10 cm∶10～20 cm 颗粒态土壤有机碳含量的层化率同样为最高，且显著高于深翻模式和深松模式（$P$＜0.05），后两者之间差异不显著；土深比为 0～10 cm∶20～30 cm 时，颗粒态土壤有机碳含量的层化率表现为农户模式＞深翻模式＞深松模式，各处理间差异显著（$P$＜0.05）；土深比为 0～10 cm∶30～40 cm 时，颗粒态土壤有机碳含量的层化率则表现为农户模式＞深松模式＞深翻模式，各处理间差异显著（$P$＜0.05）；深翻模式下 0～10 cm∶40～50 cm 颗粒态土壤有机碳含量的层化率最高，显著高于深松模式（$P$＜0.05），但农户模式与其他两处理间差异不显著。

**表 4-3　不同夏闲期耕作模式下旱地麦田颗粒态土壤有机碳含量层化率**

| 取样时期 | 处理 | 土深比 | | | |
|---|---|---|---|---|---|
| | | 0～10 cm∶10～20 cm | 0～10 cm∶20～30 cm | 0～10 cm∶30～40 cm | 0～10 cm∶40～50 cm |
| 播种前 | 农户模式 | 1.22±0.10 a | 1.57±0.11 b | 4.75±0.31 a | 5.41±0.22 a |
| | 深翻模式 | 0.78±0.07 b | 0.93±0.08 c | 1.53±0.10 c | 3.87±0.58 b |
| | 深松模式 | 0.88±0.09 b | 2.19±0.13 a | 2.19±0.29 b | 5.44±0.94 a |
| 收获后 | 农户模式 | 1.24±0.06 a | 2.40±0.19 a | 5.62±1.67 a | 10.64±3.35 ab |
| | 深翻模式 | 0.98±0.07 b | 2.39±0.27 b | 2.75±0.08 c | 19.32±7.87 a |
| | 深松模式 | 0.93±0.04 b | 1.90±0.08 c | 3.60±0.17 b | 7.00±1.60 b |

#### 4.2.2.4　不同夏闲期耕作模式下旱地麦田土壤颗粒态有机碳含量

图 4-5 为不同夏闲期耕作模式下旱地麦田土壤颗粒态有机碳含量。可以看出，随着土壤深度的增加，土壤颗粒态有机碳含量基本上呈逐渐降低的变化趋势。在播种前，深松模式下 0～10 cm 和 10～20 cm 土层麦田土壤颗粒态有机碳含量均为最高，均显著高于农户模式和深翻模式（$P$＜0.05）；但后两者之间差异不显著。在 20～30 cm 土层，深翻模式的麦田土壤颗粒态有机碳含量最高，为 1.40 g/kg，其次为农户模式和深松模式，3 种模式间差异显著（$P$＜0.05）。在 30～40 cm 和 40～50 cm 土层，土壤颗粒态有机碳含量则表现为深翻模式＞深松模式＞农户模式，各处理间差异显著（$P$＜0.05）。

在收获后，同样深松模式下 0～10 cm 土层的土壤颗粒态有机碳含量最高，为 1.52 g/kg，显著高于深翻模式和深松模式（$P$<0.05）。在 10～20 cm 和 30～40 cm 土层，土壤颗粒态有机碳含量则表现为深翻模式＞深松模式＞农户模式，各处理间差异显著（$P$<0.05）。而在 20～30 cm 土层，3 种模式下麦田土壤颗粒态有机碳含量之间差异不显著。在 40～50 cm 土层，深松模式下麦田土壤颗粒态有机碳含量最高，为 0.14 g/kg，显著高于深翻模式（$P$<0.05），但两者与农户模式间差异不显著。

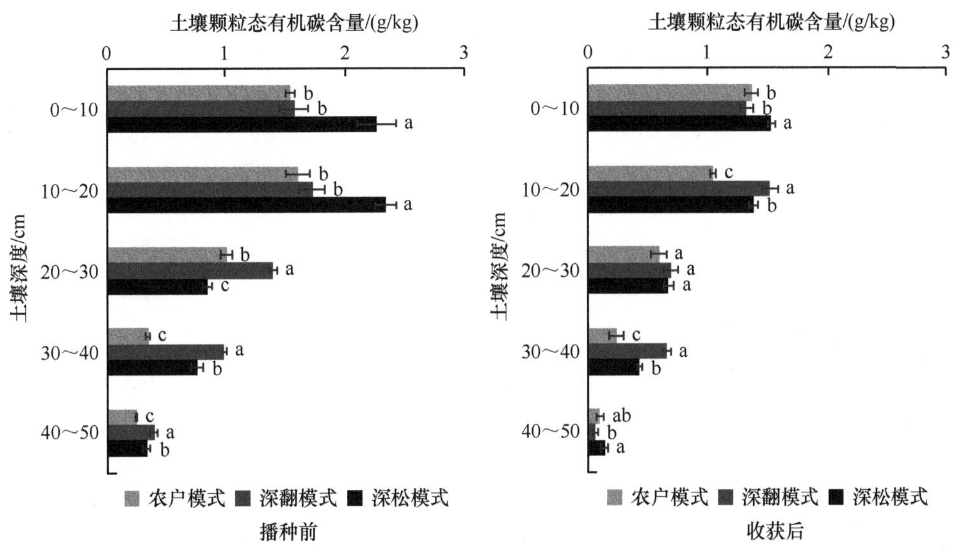


图 4-5　不同夏闲期耕作模式下旱地麦田土壤颗粒态有机碳含量

### 4.2.2.5　不同夏闲期耕作模式下旱地麦田土壤颗粒态有机碳含量层化率

分析不同夏闲期耕作模式下旱地麦田土壤颗粒态有机碳含量层化率（表 4-4），随着土壤深度的增加，各处理表层 0～10 cm 与各其他亚层土壤颗粒态有机碳含量层化率呈逐渐增加的变化趋势。在播种前，土深比为 0～10 cm：10～20 cm 时，3 种模式间土壤颗粒态有机碳含量的层化率均差异不显著。土深比为 0～10 cm：20～30 cm 时，土壤颗粒态有机碳含量的层化率表现为深松模式＞农户模式＞深翻模式，各处理间差异显著（$P$<0.05）；土深比为 0～10 cm：30～40 cm 时，各处理间则表现为农户模式＞深松模式＞深翻模式，各处理间差异显著（$P$<0.05）。深翻模式下 0～10 cm：40～50 cm 土壤颗粒态有机碳含量的层化率最低，为 3.98，其显著低于农户模式和深松模式（$P$<0.05），但后两者之间差异不显著。

小麦收获后，土深比为 0～10 cm：10～20 cm 时，旱地麦田土壤颗粒态有机碳含量的层化率最高的为农户模式，为 1.30，其次为深松模式、深翻模式，各处理间差异显著（$P$<0.05）。深翻模式下 0～10 cm：20～30 cm 土壤颗粒态有机碳

含量的层化率最低，显著低于农户模式和深松模式（$P$<0.05），但后两者之间差异不显著。农户模式下 0～10 cm∶30～40 cm 土壤颗粒态有机碳含量的层化率最高，为 6.03，显著高于深翻模式和深松模式（$P$<0.05），但后两者之间差异不显著。各处理之间 0～10 cm∶40～50 cm 土壤颗粒态有机碳含量的层化率差异不显著。

**表 4-4　不同夏闲期耕作模式下旱地麦田土壤颗粒态有机碳含量层化率**

| 取样时期 | 处理 | 土深比 | | | |
|---|---|---|---|---|---|
| | | 0～10 cm∶10～20 cm | 0～10 cm∶20～30 cm | 0～10 cm∶30～40 cm | 0～10 cm∶40～50 cm |
| 播种前 | 农户模式 | 0.97±0.08 a | 1.54±0.10 b | 4.48±0.29 a | 6.22±0.25 a |
| | 深翻模式 | 0.92±0.08 a | 1.13±0.09 c | 1.59±0.10 c | 3.98±0.60 b |
| | 深松模式 | 0.97±0.10 a | 2.68±0.16 a | 3.02±0.40 b | 6.88±1.19 a |
| 收获后 | 农户模式 | 1.30±0.07 a | 2.32±0.19 a | 6.03±1.80 a | 14.43±4.55 a |
| | 深翻模式 | 0.88±0.07 c | 1.93±0.22 b | 2.04±0.06 b | 23.70±9.65 a |
| | 深松模式 | 1.11±0.05 b | 2.29±0.10 a | 3.51±0.16 b | 11.27±2.58 a |

### 4.2.3　夏闲期耕作对旱地麦田矿物结合态有机碳及其层化率的影响

矿物结合态有机碳是指土壤中具有较大表面积的粉粒和黏粒，通过配位体交换、氢键及疏水键等作用而吸附的有机碳，此部分有机碳的性质更加稳定，能够长期固定土壤有机碳，可用于评价土壤长期的固碳效应（Diekow et al.，2005）。

#### 4.2.3.1　不同夏闲期耕作模式下旱地麦田矿物结合态土壤的比例

分析比较不同夏闲期耕作模式下旱地麦田矿物结合态土壤的比例可以看出（图 4-6），随着土壤深度的增加，0～50 cm 剖面上其变化范围较小，播种前为 82.4%～89.5%，而收获后为 82.9%～91.1%。0～10 cm 土层，农户模式下的矿物结合态土壤比例最高，为 87.9%，显著高于深翻模式和深松模式（$P$<0.05），但后两者间差异不显著。10～20 cm 土层，深翻模式下矿物结合态土壤的比例最高，为 86.1%，其显著高于深松模式（$P$<0.05），但两处理与农户模式间差异均不显著。20～30 cm 土层，农户模式下的矿物结合态土壤比例最高，为 87.6%，其显著

高于深松模式（$P<0.05$），但两者均与深翻模式间差异不显著。30～40 cm 土层，深翻模式下的矿物结合态土壤比例最低，为 84.5%，显著低于农户模式和深松模式（$P<0.05$）。40～50 cm 土层矿物结合态土壤比例表现为农户模式＞深松模式＞深翻模式，各处理间差异显著。

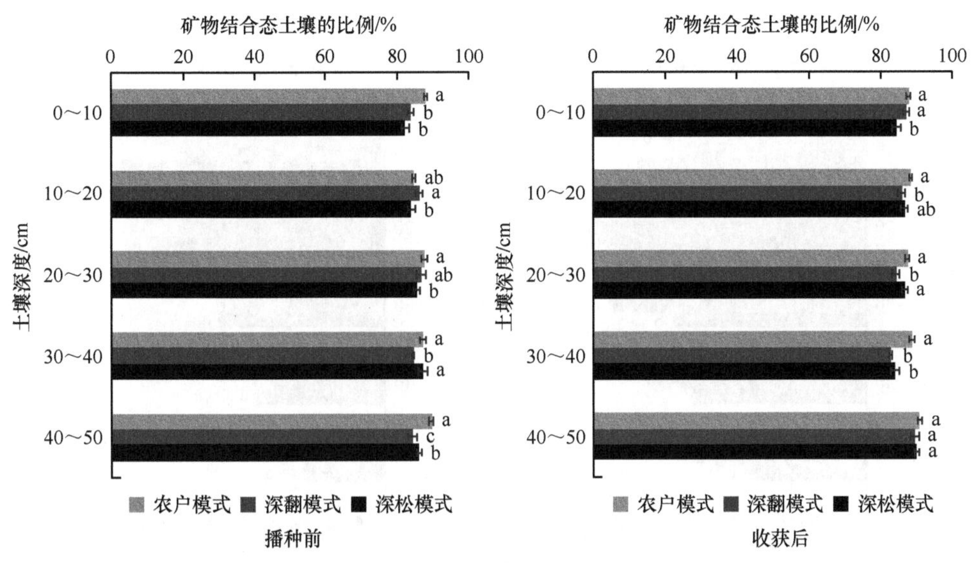


图 4-6　不同夏闲期耕作模式下旱地麦田矿物结合态土壤的比例

小麦收获后，在 0～10 cm 土层，深松模式下矿物结合态土壤的比例最低，为 84.4%，其较深翻模式和农户模式显著降低了 4.1%和 3.4%（$P<0.05$），后两者间差异不显著。在 10～20 cm、20～30 cm 和 30～40 cm 土层时，深翻模式下矿物结合态土壤的比例均最低，均显著低于农户模式（$P<0.05$），分别降低了 3.0%、3.7%和 6.6%。另外，深松模式下 10～20 cm 土层矿物结合态土壤的比例与其他处理差异不显著，20～30 cm 则较深翻模式显著增加了 3.2%（$P<0.05$），但与农户模式差异不显著；30～40 cm 则与深翻模式差异不显著，但显著低于农户模式（$P<0.05$）。土壤深度为 40～50 cm 时，3 种耕作模式下矿物结合态土壤比例间的差异均未达显著水平。

#### 4.2.3.2　不同夏闲期耕作模式下旱地麦田矿物结合态土壤有机碳含量

分析不同夏闲期耕作模式旱地麦田矿物结合态土壤有机碳含量得出（图 4-7），随土壤深度的增加，各处理下矿物结合态土壤有机碳含量基本上呈逐渐降低的变化趋势。在小麦播种前，0～10 cm 土层，深松模式下矿物结合态土壤有机碳含量最高，为 5.14 g/kg，其次为农户模式和深翻模式，且各处理间差异显著（$P<0.05$）。在 10～20 cm 和 20～30 cm 土层，矿物结合态土壤有机碳含量均表现

为深翻模式＞深松模式＞农户模式，各处理间差异显著（$P$＜0.05）。30～40 cm 和 40～50 cm 土层，深翻模式下矿物结合态土壤有机碳含量最高，分别为 4.63 g/kg 和 3.41 g/kg，均显著高于农户模式和深松模式（$P$＜0.05）。但 30～40 cm 土层深松模式较农户模式显著增加了 26.1%，而 40～50 cm 土层则较之显著降低了 2.7%。

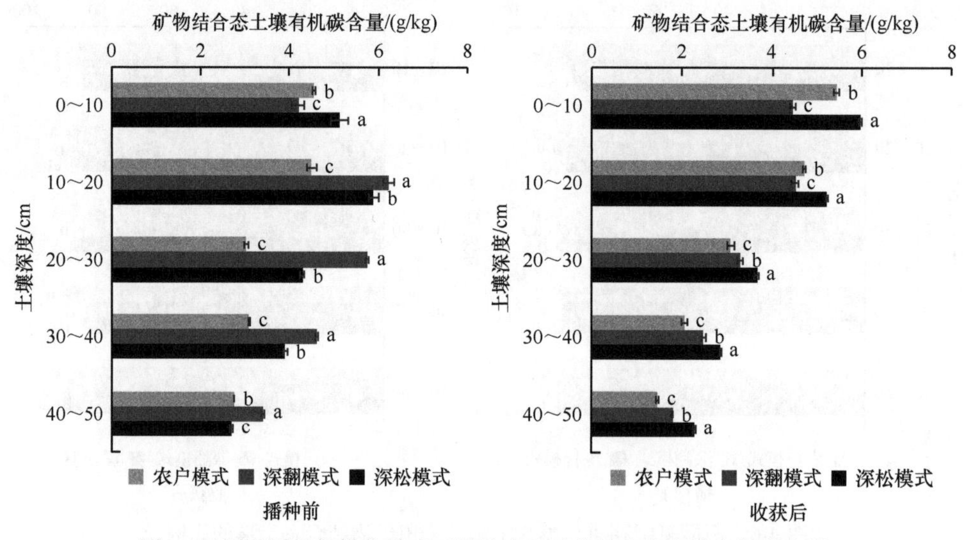


图 4-7 不同夏闲期耕作模式下旱地麦田矿物结合态土壤有机碳含量

小麦收获后，各处理间 0～10 cm 土层矿物结合态土壤有机碳含量与播种前类似，均表现为深松模式最高，为 5.42 g/kg，其次为农户模式和深翻模式，各处理间差异显著（$P$＜0.05）。10～20 cm 土层，深翻模式下矿物结合态土壤有机碳含量最低，约为 4.51 g/kg，其较深松模式和农户模式分别显著降低了 13.5%和 4.4%（$P$＜0.05），另外农户模式较深松模式亦显著降低了 9.6%（$P$＜0.05）。20～30 cm、30～40 cm 和 40～50 cm 土层，矿物结合态土壤有机碳含量均表现为深松模式＞深翻模式＞农户模式，各处理间差异显著（$P$＜0.05）。

#### 4.2.3.3 不同夏闲期耕作模式下旱地麦田矿物结合态土壤有机碳含量层化率

进一步分析旱地麦田矿物结合态土壤有机碳含量层化率可以看出（表 4-5），随着土壤深度的增加，不同夏闲期耕作模式下 0～10 cm 与各层次矿物结合态土壤有机碳含量的层化率基本上均呈现逐渐增加的变化趋势，其中，播种前为 0.67～1.91，收获后为 0.99～3.74。播种前，表层 0～10 cm 与 10～40 cm 各亚土层矿物结合态土壤有机碳含量的层化率均表现为农户模式＞深松模式＞深翻模式，各处理间差异显著（$P$＜0.05）；而 0～10 cm∶40～50 cm 土深比条件下，矿物结合态土壤有机碳含量的层化率则表现为深松模式＞农户模式＞深翻模式，各处理间差异显著（$P<0.05$）。收获后，各处理矿物结合态土壤有机碳含量的层化率较播种前有所提高；深翻模式下 0～10 cm：10～20 cm 土层矿物结合态土壤有机碳含量的层化率均显著低于农户模式和深松模式（$P<0.05$），后两者之间差异不显著；而 0～10 cm 与 20～50 cm 各亚土层矿物结合态土壤有机碳含量的层化率均表现为农户模式＞深松模式＞深翻模式，各处理间差异显著（$P<0.05$）。综合以上分析看出，不论播种前或收获后，深翻模式下表层与各土层矿物结合态土壤有机碳含量的层化率均显著低于农户模式和深松模式（$P<0.05$）。

**表 4-5　不同夏闲期耕作模式下旱地麦田土壤矿物结合态土壤有机碳含量层化率**

| 取样时期 | 处理 | 土深比 | | | |
|---|---|---|---|---|---|
| | | 0～10 cm：10～20 cm | 0～10 cm：20～30 cm | 0～10 cm：30～40 cm | 0～10 cm：40～50 cm |
| 播种前 | 农户模式 | 1.01±0.03 a | 1.50±0.04 a | 1.47±0.02 a | 1.65±0.02 b |
| | 深翻模式 | 0.67±0.03 c | 0.73±0.03 c | 0.91±0.03 c | 1.24±0.05 c |
| | 深松模式 | 0.87±0.05 b | 1.20±0.04 b | 1.32±0.07 b | 1.91±0.10 a |
| 收获后 | 农户模式 | 1.15±0.02 a | 1.76±0.03 a | 2.63±0.10 a | 3.74±0.07 a |
| | 深翻模式 | 0.99±0.03 b | 1.36±0.04 c | 1.80±0.02 c | 2.49±0.05 c |
| | 深松模式 | 1.15±0.01 a | 1.63±0.01 b | 2.09±0.02 b | 2.61±0.05 b |

#### 4.2.3.4　不同夏闲期耕作模式下旱地麦田土壤矿物结合态有机碳含量

分析不同夏闲期耕作模式下旱地麦田土壤矿物结合态有机碳含量可以看出（图 4-8），在 0～50 cm 剖面，随着土壤深度的增加，各处理下土壤矿物结合态有机碳含量总体上呈逐渐降低的变化趋势，播种前其含量为 2.32～5.38 g/kg，收获后其含量为 1.32～5.04 g/kg。

小麦播种前，在 0～10 cm 土层，深翻模式下的土壤矿物结合态有机碳含量最低，为 3.53 g/kg，其显著低于农户模式和深松模式（$P<0.05$），分别降低了 12.0%和 16.7%。而在 10～20 cm、20～30 cm 和 30～40 cm 土层，土壤矿物结合态有机碳含量均表现为深翻模式最高，分别为 5.38 g/kg、4.98 g/kg 和 3.91 g/kg，其次为

深松模式和农户模式，且 3 种模式间均差异显著（$P<0.05$）。在 40～50 cm 土层，土壤矿物结合态有机碳含量表现为深翻模式＞农户模式＞深松模式，各处理间差异显著（$P<0.05$）。

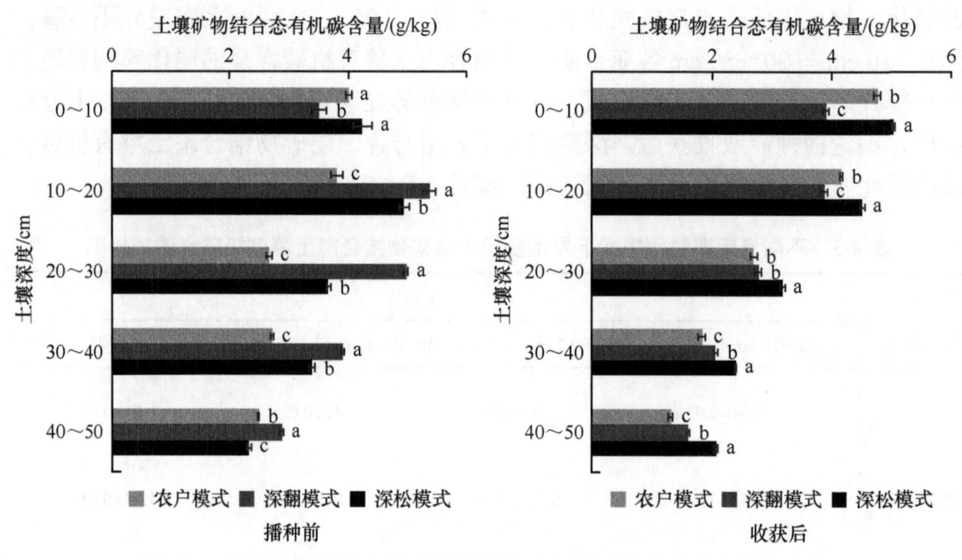


图 4-8　不同夏闲期耕作模式下旱地麦田土壤矿物结合态有机碳含量

小麦收获后，0～10 cm 和 10～20 cm 土层，土壤矿物结合态有机碳含量均表现为深松模式＞农户模式＞深翻模式，各处理间差异显著（$P<0.05$）。20～30 cm 土层，深松模式下土壤矿物结合态有机碳含量最高，为 3.18 g/kg，其较农户模式和深翻模式显著增加了 17.9%和 14.5%（$P<0.05$）。在 30～40 cm 和 40～50 cm 土层，土壤矿物结合态有机碳含量则均表现为深松模式＞深翻模式＞农户模式，各处理间均达到了显著差异水平（$P<0.05$）。

#### 4.2.3.5　不同夏闲期耕作模式下旱地麦田土壤矿物结合态有机碳层化率

分析不同夏闲期耕作模式下旱地麦田土壤矿物结合态有机碳含量层化率可以看出（表 4-6），随着土壤深度的增加，不同夏闲期耕作模式下基本上均呈现逐渐增加的变化趋势。小麦播种前，表层 0～10 cm 与其他各土层土壤矿物结合态有机碳含量的层化率为 0.66～1.83；其中，表层 0～10 cm 与 10～40 cm 各亚层的土壤矿物结合态有机碳含量层化率均表现为农户模式＞深松模式＞深翻模式，且各处理间差异显著（$P<0.05$）；而土深比 0～10 cm∶40～50 cm 时，土壤矿物结合态有机碳含量的层化率表现为深松模式＞农户模式＞深翻模式，各处理间差异显著（$P<0.05$）。小麦收获后，表层 0～10 cm 与其他各土层土壤矿物结合态有机碳含

量的层化率较播种前有所增加，为 1.01～3.61；深翻模式下 0～10 cm∶10～20 cm 土壤矿物结合态有机碳含量的层化率最低，为 1.01，其较农户模式和深松模式显著降低了 11.4%和 9.0%（$P$＜0.05）；而在 0～10 cm∶20～30 cm 和 0～10 cm∶30～40 cm 土深比时，土壤矿物结合态有机碳含量的层化率表现为农户模式＞深松模式＞深翻模式，且各处理间差异显著（$P$＜0.05）；农户模式下 0～10 cm∶40～50 cm 土壤矿物结合态有机碳含量的层化率最高，为 3.61，其显著高于深翻模式和深松模式（$P$＜0.05），分别增加 49.2%和 48.0%。

**表 4-6　不同夏闲期耕作模式下旱地麦田土壤矿物结合态有机碳含量层化率**

| 取样时期 | 处理 | 土深比 | | | |
|---|---|---|---|---|---|
| | | 0～10 cm∶10～20 cm | 0～10 cm∶20～30 cm | 0～10 cm∶30～40 cm | 0～10 cm∶40～50 cm |
| 播种前 | 农户模式 | 1.05±0.04 a | 1.51±0.04 a | 1.49±0.02 a | 1.62±0.02 b |
| | 深翻模式 | 0.66±0.03 c | 0.71±0.03 c | 0.90±0.03 c | 1.23±0.05 c |
| | 深松模式 | 0.86±0.04 b | 1.15±0.04 b | 1.25±0.07 b | 1.83±0.09 a |
| 收获后 | 农户模式 | 1.14±0.02 a | 1.77±0.03 a | 2.60±0.10 a | 3.61±0.07 a |
| | 深翻模式 | 1.01±0.03 b | 1.41±0.05 c | 1.89±0.02 c | 2.42±0.05 b |
| | 深松模式 | 1.11±0.01 a | 1.58±0.01 b | 2.10±0.02 b | 2.44±0.05 b |

### 4.2.4　夏闲期耕作对旱地麦田土壤团聚体中有机碳及其层化率的影响

土壤团聚体和土壤有机碳含量是评价土壤质量的重要指标，其在土壤功能维持中起着重要的作用。土壤有机碳对团聚体结构有着重要影响，土壤中有机碳储量和水稳性团聚体之间有着十分紧密的相互关系，其含量高低能够影响团聚体数量和大小的分布。反之，团聚体形成亦对土壤有机碳分解与固定有着很大的影响。

#### 4.2.4.1　不同夏闲期耕作模式下旱地麦田＞0.5 mm 粒径团聚体中有机碳分布

分析不同夏闲期耕作模式下旱地麦田＞0.5 mm 粒径团聚体中有机碳含量可以看出（图 4-9），随土壤深度的增加，其在 0～50 cm 剖面上逐渐降低。小麦播种前，深翻模式下 0～10 cm 土层＞0.5 mm 粒径团聚体中有机碳含量最高，为 20.13 g/kg，显著高于农户模式和深翻模式（$P$＜0.05），分别提高了 143.9%和 78.6%；另外，深松模式较农户模式亦显著增加了 26.8%（$P$＜0.05）。10～20 cm 土层，＞0.5 mm 粒径团聚体中有机碳含量表现为深松模式＞深翻模式＞农户模式，各处理间差异显著（$P$＜0.05）。农户模式下 20～30 cm 土层＞0.5 mm 粒径团聚体中有机碳含量最低，较深翻模式和深松模式显著降低了 48.8%和 50.5%（$P$＜0.05），后两者间差异不显著。30～40 cm 土层，＞0.5 mm 粒径团聚体中有机碳含量表现为深翻模式＞深松模式＞农户模式，各处理间差异显著（$P$＜0.05）。深松模式下 40～50 cm 土层＞0.5 mm 粒径团聚体中有机碳含量最高，为 3.14 g/kg，其较农户模式和深翻模式显著增加了 41.5%和 35.9%（$P$＜0.05），后两者间差异不显著。

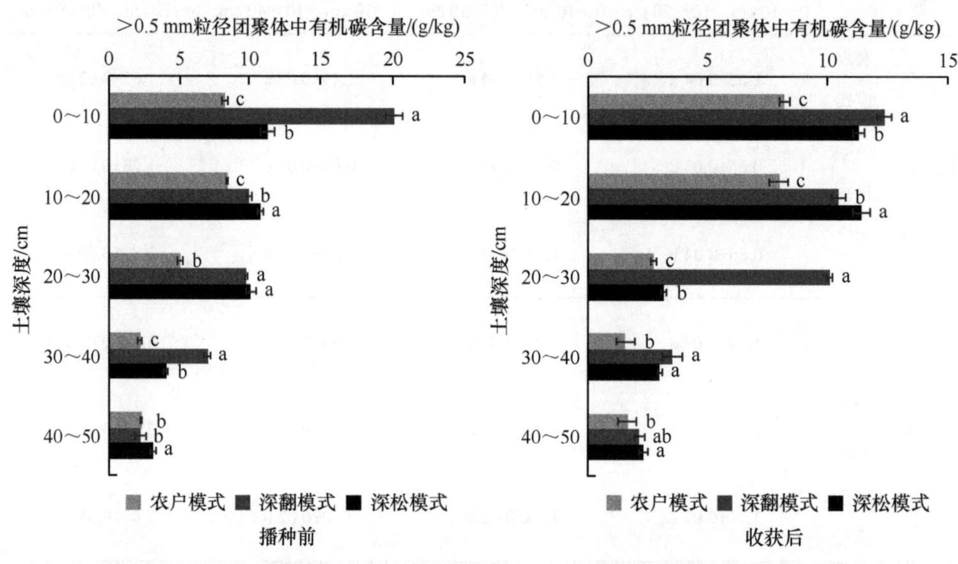


图 4-9 不同夏闲期耕作模式下旱地麦田＞0.5 mm 粒径团聚体中有机碳含量

小麦收获后各处理间 0～10 cm 土层＞0.5 mm 粒径团聚体中有机碳含量变化规律与播种前类似，表现为深翻模式＞深松模式＞农户模式，各处理间差异显著。10～20 cm 土层，＞0.5 mm 粒径团聚体中有机碳含量表现为深松模式＞深翻模式＞农户模式，各处理间差异显著（$P$＜0.05）。深翻模式下 20～30 cm 土层＞0.5mm 粒径团聚体中有机碳含量最高，为 10.11 g/kg，显著高于农户模式和深松模式（$P$＜0.05），分别提高了 262.4%和 217.6%；另外，深松模式较农户模式亦显著增加了 14.1%（$P$＜0.05）。农户模式下 30～40 cm 土层＞0.5 mm 粒径团聚体中有机碳含量最低，较深翻模式和深松模式显著降低了 55.1%和 47.4%（$P$＜0.05），后两者间差异不显著。深松模式下 40～50 cm 土层＞0.5 mm 粒径团聚体中有机碳含量最高，为 2.34 g/kg，其显著高于农户模式（$P$＜0.05），但深翻模式与两者间均差异不显著。

#### 4.2.4.2　不同夏闲期耕作模式下旱地麦田＞0.5 mm 粒径团聚体中有机碳含量层化率

比较不同夏闲期耕作模式下旱地麦田＞0.5 mm 粒径团聚体中有机碳含量的层化率可以看出（表 4-7），随着土壤深度的增加，不同夏闲期耕作模式下其基本上呈现逐渐增加的变化趋势。播种前，深翻模式 0～10 cm∶10～20 cm 土深比下＞0.5 mm 粒径团聚体中有机碳含量层化率最高，为 2.02，较农户模式和深松模式显著增加了 106.1%和 94.2%（$P$＜0.05）；在土深比 0～10 cm∶40～50 cm 时各处理亦有类似的规律。土深比 0～10 cm∶20～30 cm 时，旱地麦田＞0.5 mm 粒径团聚体中有机碳含量层化率表现为深翻模式＞农户模式＞深松模式，各处理间差异显著（$P$＜0.05）。农户模式下 0～10 cm∶30～40 cm 土深比下＞0.5 mm 粒径团聚体中有机碳含量层化率最高，为 3.75，显著高于深翻模式和深松模式（$P$＜0.05），后两者间差异不显著。深翻模式下 0～10 cm∶40～50 cm 土深比下＞0.5 mm 粒径团聚体中有机碳含量层化率较农户模式和深松模式分别显著增加了 159.7%和 157.5%，但后两者间差异不显著。

**表 4-7　不同夏闲期耕作模式下旱地麦田＞0.5 mm 粒径团聚体中有机碳含量层化率**

| 取样时期 | 处理 | 土深比 | | | |
|---|---|---|---|---|---|
| | | 0～10 cm∶10～20 cm | 0～10 cm∶20～30 cm | 0～10 cm∶30～40 cm | 0～10 cm∶40～50 cm |
| 播种前 | 农户模式 | 0.98±0.03 b | 1.65±0.09 b | 3.75±0.30 a | 3.57±0.11 b |
| | 深翻模式 | 2.02±0.09 a | 2.06±0.05 a | 2.87±0.17 b | 9.27±1.58 a |
| | 深松模式 | 1.04±0.05 b | 1.12±0.07 c | 2.82±0.07 b | 3.60±0.27 b |
| 收获后 | 农户模式 | 1.03±0.03 b | 2.94±0.17 b | 5.32±1.16 a | 5.20±1.56 a |
| | 深翻模式 | 1.18±0.01 a | 1.22±0.04 c | 3.53±0.53 b | 5.67±0.49 a |
| | 深松模式 | 0.99±0.05 b | 3.55±0.17 a | 3.72±0.04 b | 4.83±0.28 a |

收获后，深翻模式 0～10 cm∶10～20 cm 土深比下＞0.5 mm 粒径团聚体中有机碳含量层化率最高，为 1.18，较农户模式和深松模式显著增加了 14.6%和 19.2%（$P$＜0.05）。土深比 0～10 cm∶20～30 cm 时，旱地麦田＞0.5 mm 粒径团聚体中有

机碳含量层化率表现为深松模式＞农户模式＞深翻模式，各处理间差异显著（$P$＜0.05）。农户模式下 0～10 cm∶30～40 cm 土深比下＞0.5 mm 粒径团聚体中有机碳含量层化率最高，为 5.32，显著高于深翻模式和深松模式（$P$＜0.05）。土深比为 0～10 cm∶40～50 cm 时，3 种夏闲期耕作模式间＞0.5 mm 粒径团聚体中有机碳含量层化率均未达到显著差异水平。

#### 4.2.4.3 不同夏闲期耕作模式下旱地麦田 0.25～0.5 mm 粒径团聚体中有机碳分布

分析不同夏闲期耕作模式下旱地麦田 0.25～0.5 mm 粒径团聚体中有机碳含量可以看出（图 4-10），其含量随着土壤深度的增加总体上呈逐渐降低的变化趋势。小麦播种前，0～10 cm 土层，0.25～0.5 mm 粒径团聚体中有机碳含量表现为深松模式＞深翻模式＞农户模式，各处理间差异显著（$P$＜0.05）。10～20 cm 和 30～40 cm 土层，0.25～0.5 mm 粒径团聚体中有机碳含量表现为深翻模式＞深松模式＞农户模式，各处理间差异显著（$P$＜0.05）。20～30 cm 土层，农户模式下的 0.25～0.5 mm 粒径团聚体中有机碳含量最低，为 5.79 g/kg，其显著低于深翻模式和深松模式（$P$＜0.05），分别降低了 20.1%和 18.9%，但后两者之间差异不显著。深松模式下 40～50 cm 土层 0.25～0.5 mm 粒径团聚体中有机碳含量最高，为 2.74 g/kg，显著高于农户模式和深翻模式（$P$＜0.05），但后两者之间差异不显著。

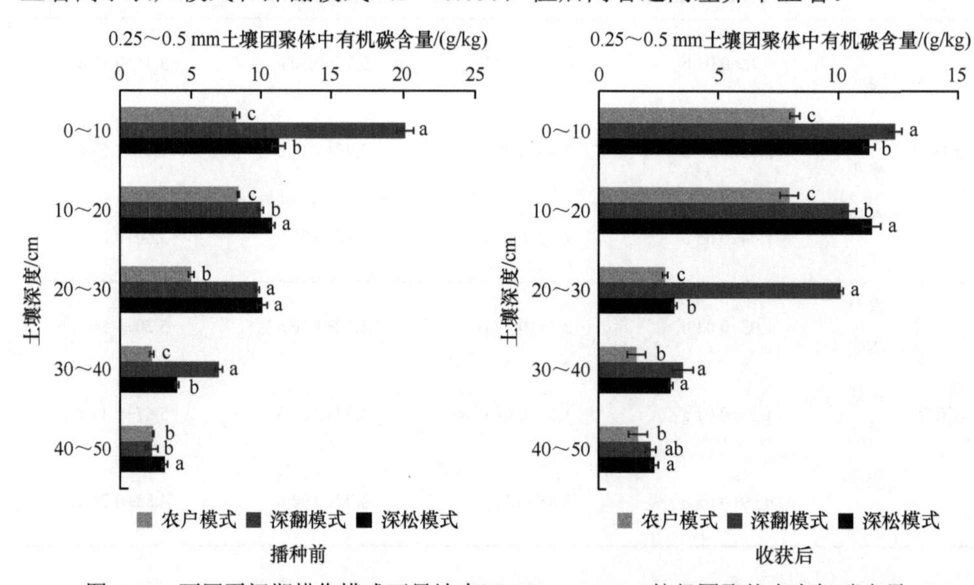


图 4-10 不同夏闲期耕作模式下旱地麦田 0.25～0.5 mm 粒径团聚体中有机碳含量

小麦收获后，0～10 cm 土层，0.25～0.5 mm 粒径团聚体中有机碳含量表现为深翻模式＞农户模式＞深松模式，各处理间差异显著（$P$＜0.05）。10～50 cm 各土层，

0.25～0.5 mm 粒径团聚体中有机碳含量表现为深翻模式最高，分别为 12.30 g/kg、8.42 g/kg、5.76 g/kg 和 3.74 g/kg，且均显著高于深松模式和农户模式（$P$<0.05）。此外，深松模式下 10～20 cm 和 20～30 cm 土层 0.25～0.5 mm 粒径团聚体中有机碳含量与农户模式间差异不显著，而 30～40 cm 则表现为深松模式显著高于农户模式，40～50 cm 表现为农户模式显著高于深松模式（$P$<0.05）。

#### 4.2.4.4　不同夏闲期耕作模式下旱地麦田 0.25～0.5 mm 粒径团聚体中有机碳含量层化率

比较不同夏闲期耕作模式下旱地麦田 0.25～0.5 mm 粒径团聚体中有机碳含量层化率可以看出（表 4-8），随着土壤深度的增加，不同夏闲期耕作模式下其基本上呈现逐渐增加的变化趋势。小麦播种前，0～10 cm∶10～20 cm 土深比下土壤 0.25～0.5 mm 粒径团聚体中有机碳含量的层化率表现为深松模式＞农户模式＞深翻模式，各处理间达到差异显著水平（$P$<0.05）。深翻模式下 0～10 cm∶20～30 cm 土深比下土壤 0.25～0.5 mm 粒径团聚体中有机碳含量的层化率最低，为 1.04，其显著低于农户模式和深松模式（$P$<0.05），后两者之间未达到显著差异水平。0～10 cm∶30～40 cm 土深比下土壤 0.25～0.5 mm 粒径团聚体中有机碳含量的层化率表现为农户模式＞深松模式＞深翻模式，各处理间达到差异显著水平（$P$<0.05）。土深比为 0～10 cm∶40～50 cm 时，3 种模式 0.25～0.5mm 粒径团聚体中有机碳含量的层化率均未达到显著差异水平。

**表 4-8　不同夏闲期耕作模式下旱地麦田 0.25～0.5 mm 粒径团聚体中有机碳含量层化率**

| 取样时期 | 处理 | 土深比 | | | |
|---|---|---|---|---|---|
| | | 0～10 cm∶10～20 cm | 0～10 cm∶20～30 cm | 0～10 cm∶30～40 cm | 0～10 cm∶40～50 cm |
| 播种前 | 农户模式 | 0.93±0.01 b | 1.23±0.03 a | 2.94±0.10 a | 3.01±0.11 a |
| | 深翻模式 | 0.81±0.01 c | 1.04±0.04 b | 1.26±0.07 c | 3.13±0.09 a |
| | 深松模式 | 1.08±0.06 a | 1.26±0.05 a | 2.38±0.12 b | 3.29±0.19 a |
| 收获后 | 农户模式 | 1.04±0.06 a | 2.47±0.41 a | 4.39±0.25 a | 4.81±0.33 b |
| | 深翻模式 | 0.80±0.03 b | 1.16±0.06 b | 1.70±0.01 c | 2.63±0.25 c |
| | 深松模式 | 0.84±0.04 b | 2.00±0.19 a | 2.47±0.21 b | 5.44±0.32 a |

小麦收获后，农户模式下0～10 cm∶10～20 cm土深比条件下土壤0.25～0.5 mm粒径团聚体中有机碳含量的层化率最高，为1.04，其显著高于深翻模式和深松模式（$P$<0.05），后两者之间未达到显著差异水平。深翻模式下0～10 cm∶20～30 cm土深比条件下土壤0.25～0.5 mm粒径团聚体中有机碳含量的层化率最低，为1.16，其显著低于农户模式和深松模式（$P$<0.05），后两者之间未达到显著差异水平。土壤0.25～0.5 mm粒径团聚体中有机碳含量0～10 cm∶30～40 cm土深比条件下的层化率表现为农户模式>深松模式>深翻模式，各处理间达到差异显著水平（$P$<0.05）；而0～10 cm∶40～50 cm土深比条件下则表现为深松模式>农户模式>深翻模式，各处理间亦达到差异显著水平（$P$<0.05）。总体来看，深翻模式下土壤0.25～0.5 mm粒径团聚体中有机碳含量的层化率均为最低。

## 4.3 夏闲期耕作对旱地麦田土壤有机碳储量及其层化率的影响

土壤有机碳库是全球陆地生态系统中最大的碳库，其微小的变化能够影响大气$CO_2$浓度。农田土壤是最重要的潜在碳汇之一，通过有效的农作管理措施增加土壤固碳量，是实现农田土壤碳汇的重要措施之一。

### 4.3.1 夏闲期耕作下旱地麦田各土层有机碳储量分布

分析不同夏闲期耕作模式下旱地麦田土壤有机碳储量可以看出（图4-11），旱

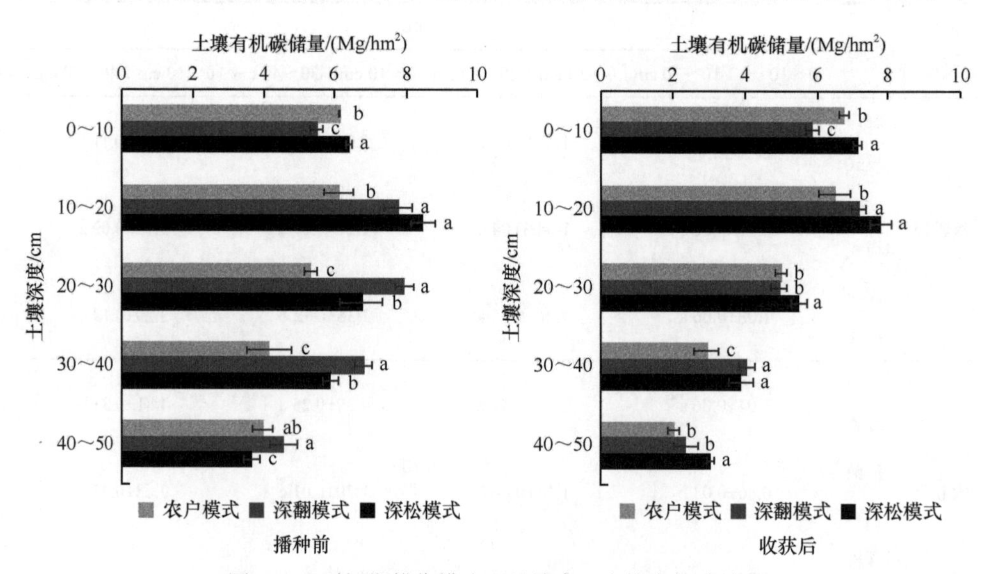


图4-11 夏闲期耕作模式下旱地麦田土壤有机碳储量

地小麦播种前和收获后 0～50 cm 剖面各土层有机碳储量的变化趋势基本一致，均表现为 10～20 cm 较 0～10 cm 略有增加，而后随着土壤深度的增加呈逐渐降低的变化趋势。

小麦播种前，0～10 cm 土层有机碳储量表现为深松模式＞农户模式＞深翻模式，分别为 6.39 $Mg/hm^2$、6.14 $Mg/hm^2$ 和 5.49 $Mg/hm^2$，各处理之间差异显著（$P<0.05$）。10～20 cm 土层，农户模式下有机碳储量最低，为 6.12 $Mg/hm^2$，其显著低于深翻模式和深松模式（$P<0.05$），分别降低了 21.2%和 27.9%，后两者间差异不显著。20～30 cm 和 30～40 cm 土层，土壤有机碳储量均以深翻模式最高，分别为 7.95 $Mg/hm^2$ 和 6.81 $Mg/hm^2$，其次为深松模式和农户模式，各处理间均达到了显著差异水平（$P<0.05$）。40～50 cm 土层，同样深翻模式下土壤有机碳储量显著高于深松模式（$P<0.05$），但农户模式与其他处理间差异不显著。

小麦收获后，各处理间 0～10 cm 土层有机碳储量变化规律与播种前类似，表现为深松模式＞农户模式＞深翻模式，且各处理之间差异显著（$P<0.05$）。10～20 cm 土层有机碳储量亦同播种前类似，表现为农户模式下最低，其显著低于深翻模式和深松模式（$P<0.05$），但后两者间差异不显著。20～30 cm 和 40～50 cm 土层，土壤有机碳储量则均以深松模式最高，分别为 4.94 $Mg/hm^2$ 和 2.36 $Mg/hm^2$，其显著高于农户模式和深翻模式（$P<0.05$），但后两者间差异不显著。30～40 cm 土层，则农户模式下土壤有机碳储量最低，为 2.94 $Mg/hm^2$，较深翻模式和深松模式显著降低了 27.4%和 24.5%（$P<0.05$），但后两者间差异不显著。

### 4.3.2　夏闲期耕作下旱地麦田土壤有机碳储量的层化率

分析不同夏闲期耕作模式下旱地麦田土壤有机碳储量层化率能够看出(表 4-9)，其随着土壤深度的增加呈现逐渐增加的变化趋势。小麦播种前，农户模式下 0～10 cm 与 10～40 cm 各亚土层有机碳储量的层化率均为最高，分别为 1.01、1.15 和 1.50，其均显著高于深翻模式和深松模式（$P<0.05$）；土深比 0～10 cm∶10～20 cm 时深翻模式和深松模式间差异不显著，但土深比 0～10 cm∶20～30 cm 和 0～10 cm∶30～40 cm 时深松模式显著高于深翻模式（$P<0.05$）。土深比为 0～10 cm∶40～50 cm 时，旱地麦田土壤有机碳储量的层化率表现为深松模式＞农户模式＞深翻模式，各处理间均达到显著差异水平（$P<0.05$）。

表 4-9　夏闲期耕作模式下旱地麦田土壤有机碳储量层化率

| 取样时期 | 处理 | 土深比 | | | |
|---|---|---|---|---|---|
| | | 0～10 cm∶10～20 cm | 0～10 cm∶20～30 cm | 0～10 cm∶30～40 cm | 0～10 cm∶40～50 cm |
| 播种前 | 农户模式 | 1.01±0.07 a | 1.15±0.04 a | 1.50±0.25 a | 1.55±0.11 b |

续表

| 取样时期 | 处理 | 土深比 | | | |
|---|---|---|---|---|---|
| | | 0～10 cm：10～20 cm | 0～10 cm：20～30 cm | 0～10 cm：30～40 cm | 0～10 cm：40～50 cm |
| 播种前 | 深翻模式 | 0.71±0.04 b | 0.69±0.00 c | 0.81±0.01 c | 1.21±0.08 c |
| | 深松模式 | 0.75±0.04 b | 0.95±0.10 b | 1.09±0.05 b | 1.75±0.10 a |
| 收获后 | 农户模式 | 1.04±0.07 a | 1.35±0.06 a | 2.31±0.26 a | 3.36±0.28 a |
| | 深翻模式 | 0.82±0.02 c | 1.19±0.06 b | 1.45±0.09 c | 2.52±0.39 b |
| | 深松模式 | 0.92±0.02 b | 1.30±0.03 a | 1.84±0.19 b | 2.35±0.12 b |

小麦收获后，农户模式下 0～10 cm 与其他各土层有机碳储量的层化率均为最高，分别为 1.04、1.35、2.31 和 3.36，其均显著高于深翻模式（$P$<0.05），且除 0～10 cm：20～30 cm 土深比外均显著高于深松模式；另外，深松模式下 0～10 cm 与 10～40 cm 各土层有机碳储量层化率亦均显著高于深翻模式（$P$<0.05），但 0～10 cm：40～50 cm 土深比下层化率未达显著差异水平。

### 4.3.3　夏闲期耕作下旱地麦田各剖面土壤有机碳储量分布

分析不同夏闲期耕作模式下旱地麦田土壤剖面有机碳储量可以看出（表 4-10），小麦播种前，土壤剖面深度为 0～10 cm、0～20 cm 和 0～30 cm 时，深松模式下旱地麦田土壤剖面有机碳储量均最高，分别为 6.39 $Mg/hm^2$、14.87 $Mg/hm^2$ 和 21.62 $Mg/hm^2$，且均显著高于农户模式（$P$<0.05）；在 0～10 cm 和 0～20 cm 剖面亦显著高于深翻模式（$P$<0.05）；土壤剖面深度为 0～40 cm 和 0～50 cm 时，深翻模式下旱地麦田剖面有机碳储量均最高，分别为 28.01 $Mg/hm^2$ 和 32.57 $Mg/hm^2$，且显著高于农户模式（$P$<0.05），与深松模式之间未达到显著差异水平。小麦收获后，土壤剖面深度为 0～10 cm、0～20 cm、0～30 cm、0～40 cm 和 0～50 cm 时，深松模式下旱地麦田剖面有机碳储量均最高，分别为 7.14 $Mg/hm^2$、14.93 $Mg/hm^2$、20.43 $Mg/hm^2$、24.32 $Mg/hm^2$ 和 27.37 $Mg/hm^2$，其均显著高于农户模式及深翻模式（$P$<0.05）。另外，农户模式 0～10 cm 剖面有机碳储量显著高于深翻模式（$P$<0.05），其他土壤剖面两处理间差异不显著。

**表 4-10　夏闲期耕作模式下旱地麦田土壤剖面有机碳储量**　（单位：$Mg/hm^2$）

| 取样时期 | 处理 | 土壤剖面深度 | | | | |
|---|---|---|---|---|---|---|
| | | 0～10 cm | 0～20 cm | 0～30 cm | 0～40 cm | 0～50 cm |
| 播种前 | 农户模式 | 6.14±0.02 b | 12.26±0.37 c | 17.58±0.39 b | 21.74±0.24 b | 25.71±0.39 b |
| | 深翻模式 | 5.49±0.18 c | 13.26±0.47 b | 21.21±0.67 a | 28.01±0.82 a | 32.57±0.99 a |
| | 深松模式 | 6.39±0.08 a | 14.87±0.26 a | 21.62±0.85 a | 27.51±1.06 a | 31.17±0.91 a |
| 收获后 | 农户模式 | 6.74±0.14 b | 13.23±0.50 b | 18.24±0.61 b | 21.18±0.95 b | 23.20±1.10 b |
| | 深翻模式 | 5.87±0.20 c | 13.04±0.37 b | 17.99±0.49 b | 22.04±0.69 b | 24.40±0.98 b |
| | 深松模式 | 7.14±0.13 a | 14.93±0.42 a | 20.43±0.65 a | 24.32±0.56 a | 27.37±0.45 a |

## 4.4　土壤有机碳及其组分间相关分析

分析旱地麦田土壤有机碳库各指标间的相关性得出（表 4-11），土壤有机碳与其各组分有机碳含量间均呈极显著正相关性（$P<0.01$），同时，不同的各有机碳

**表 4-11　旱地麦田土壤有机碳及其与各有机碳组分相关分析**

| | 土壤有机碳 | 易氧化有机碳 | 颗粒态土壤有机碳 | 土壤颗粒态有机碳 | 矿物结合态土壤有机碳 | 土壤矿物结合态有机碳 | >0.5 mm 粒径团聚体中有机碳 | 0.25～0.5 mm 粒径团聚体中有机碳 |
|---|---|---|---|---|---|---|---|---|
| 土壤有机碳 | 1 | | | | | | | |
| 易氧化有机碳 | 0.905** | 1 | | | | | | |
| 颗粒态土壤有机碳 | 0.953** | 0.906** | 1 | | | | | |
| 土壤颗粒态有机碳 | 0.942** | 0.885** | 0.972** | 1 | | | | |
| 矿物结合态土壤有机碳 | 0.981** | 0.870** | 0.893** | 0.860** | 1 | | | |
| 土壤矿物结合态有机碳 | 0.986** | 0.873** | 0.894** | 0.876** | 0.998** | 1 | | |
| >0.5 mm 粒径团聚体中有机碳 | 0.767** | 0.738** | 0.773** | 0.799** | 0.710** | 0.724** | 1 | |
| 0.25～0.5 mm 粒径团聚体中有机碳 | 0.795** | 0.754** | 0.840** | 0.828** | 0.735** | 0.742** | 0.818** | 1 |
| 土壤碳储量 | 0.948** | 0.843** | 0.878** | 0.851** | 0.955** | 0.956** | 0.696** | 0.770** |

组分含量之间亦表现为极显著正相关性（$P<0.01$）。此外，土壤总有机碳及各组分有机碳与有机碳储量亦呈极显著正相关性（$P<0.01$）。

分析土壤物理、化学和酶活性与土壤有机碳库各指标间的相关性可以得出（表 4-12 和表 4-13），土壤有机碳及各组分有机碳含量与土壤容重均呈极显著负相关性（$P<0.01$）。大多数土壤总有机碳及其各组分与土壤质量含水量呈极显著正相关性（$P<0.01$），而与土壤体积含水量无显著相关性。土壤总有机碳及其各组分亦与土壤总孔隙度呈极显著正相关性（$P<0.01$），大多有机碳库指标则与充气孔隙度呈显著正相关性（除了 0.25～0.5 mm 粒径团聚体中有机碳含量）（$P<0.05$），而土壤有机碳库各指标则与毛管孔隙度无显著相关性。土壤有机碳库各指标与重组分土壤呈极显著负相关性（$P<0.01$），土壤有机碳库各指标则与轻组分土壤呈极显著正相关性（$P<0.01$）。土壤有机碳库各指标与土壤速效养分含量（碱解氮、速效磷、速效钾）、酶活性（β-葡萄糖苷酶和脲酶）亦呈显著或极显著相关性。此外，大部分土壤有机碳库各指标与土壤团聚体的平均重量直径、几何平均直径呈显著或极显著负相关性。

**表 4-12　旱地麦田土壤物理化学酶活性与土壤有机碳库的相关分析**

| | 土壤有机碳 | 易氧化有机碳 | 颗粒态土壤有机碳 | 土壤颗粒态有机碳 | 矿物结合态土壤有机碳 | 土壤矿物结合态有机碳 | >0.5mm 粒径团聚体中有机碳 | 0.25～0.5mm 粒径团聚体中有机碳 |
|---|---|---|---|---|---|---|---|---|
| 土壤容重 | −0.793** | −0.770** | −0.805** | −0.823** | −0.734** | −0.744** | −0.722** | −0.653** |
| 质量含水量 | 0.509** | 0.557** | 0.473** | 0.413* | 0.537** | 0.530** | 0.509** | 0.604** |
| 体积含水量 | 0.164 | 0.225 | 0.121 | 0.060 | 0.215 | 0.207 | 0.195 | 0.341 |
| 总孔隙度 | 0.769** | 0.746** | 0.789** | 0.800** | 0.712** | 0.718** | 0.695** | 0.598** |
| 充气孔隙度 | 0.508** | 0.458* | 0.546** | 0.587** | 0.437* | 0.447* | 0.435* | 0.283 |
| 毛管孔隙度 | 0.248 | 0.277 | 0.228 | 0.174 | 0.276 | 0.261 | 0.014 | 0.053 |
| 重组分土壤 | −0.806** | −0.733** | −0.847** | −0.829** | −0.750** | −0.756** | −0.784** | −0.825** |
| 轻组分土壤 | 0.806** | 0.733** | 0.847** | 0.829** | 0.750** | 0.756** | 0.784** | 0.825** |
| 碱解氮 | 0.401* | 0.512** | 0.456* | 0.491** | 0.328 | 0.347 | 0.583** | 0.681** |
| 速效磷 | 0.795** | 0.826** | 0.755** | 0.821** | 0.740** | 0.761** | 0.706** | 0.677** |
| 速效钾 | 0.691** | 0.738** | 0.678** | 0.636** | 0.686** | 0.680** | 0.565** | 0.594** |
| β-葡萄糖苷酶 | 0.892** | 0.896** | 0.897** | 0.869** | 0.859** | 0.859** | 0.741** | 0.795** |
| 脲酶 | 0.639** | 0.474** | 0.629** | 0.665** | 0.593** | 0.611** | 0.499** | 0.441* |

**表 4-13　旱地麦田土壤团聚体与土壤有机碳库的相关分析**

| | 土壤有机碳 | 易氧化有机碳 | 颗粒态土壤有机碳 | 土壤颗粒态有机碳 | 矿物结合态土壤有机碳 | 土壤矿物结合态有机碳 | ＞0.5mm 粒径团聚体中有机碳 | 0.25～0.5mm 粒径团聚体中有机碳 |
|---|---|---|---|---|---|---|---|---|
| 干筛平均重量直径 | –0.388* | –0.233 | –0.387* | –0.381* | –0.372* | –0.376* | –0.328 | –0.388* |
| 干筛几何平均直径 | –0.395* | –0.247 | –0.398* | –0.393* | –0.376* | –0.381* | –0.315 | –0.333 |
| 干筛分形维数 | 0.268 | 0.224 | 0.242 | 0.252 | 0.264 | 0.269 | 0.225 | 0.237 |
| 湿筛平均重量直径 | –0.459* | –0.503** | –0.445* | –0.453* | –0.441* | –0.451* | –0.503** | –0.517** |
| 湿筛几何平均直径 | –0.416* | –0.262 | –0.378* | –0.430* | –0.388* | –0.409* | –0.352 | –0.310 |
| 湿筛分形维数 | 0.175 | 0.220 | 0.192 | 0.202 | 0.150 | 0.162 | 0.329 | 0.418* |
| 稳定率 | –0.183 | –0.236 | –0.197 | –0.182 | –0.173 | –0.178 | –0.319 | –0.437* |
| 破坏率 | 0.175 | 0.23 | 0.187 | 0.172 | 0.167 | 0.172 | 0.311 | 0.426* |
| 不稳定团粒指数 | 0.212 | 0.234 | 0.238 | 0.223 | 0.194 | 0.201 | 0.338 | 0.477** |

## 4.5　小　　结

在 0～50 cm 剖面上，随着土壤深度的增加，土壤有机碳、易氧化有机碳、颗粒态土壤有机碳和矿物结合态土壤有机碳、土壤颗粒态和矿物结合态有机碳、＞0.5 mm 和 0.25～0.5 mm 粒径团聚体中有机碳等含量基本上均表现为逐渐降低的变化趋势。

不管播种前或收获后，深松模式下 0～40 cm 各土层有机碳含量显著高于农户模式；该处理下 0～20 cm 各土层易氧化有机碳含量高于其他处理，且 0～50 cm 各土层均显著高于农户模式（除播种前 0～10 cm 和 20～30 cm）；0～10 cm 土壤颗粒态有机碳含量显著高于其他处理。深松模式下 0～40 cm 各层次矿物结合态土壤有机碳含量显著高于农户模式；而深翻模式则 0～10 cm 显著低于农户模式，20～50 cm 各土层则显著高于农户模式。深翻模式下 0～10 cm 土壤矿物结合态有机碳含量显著低于其他处理。农户模式下 0～40 cm 各土层 0.25～0.5 mm 粒径团聚体中有机碳含量均显著低于其他处理。

随着土壤深度的增加，表层 0～10 cm 与其他层次土壤有机碳及各组分有机碳含量的层化率呈逐渐增加的变化趋势，且收获后各指标的层化率值均高于播种前对应土深比的值。播种前和收获后，农户模式下 0～10 cm 与其他各层次（20～50 cm）土壤有机碳的层化率均显著高于深翻模式；且该处理下 0～10 cm 与 20～40 cm 各层次土深比颗粒态土壤有机碳含量层化率均为最高；0～10 cm 与 20～40 cm 各层次土深比下矿物结合态土壤有机碳含量及矿物结合态有机碳含量的层化率均表现为农户模式＞深松模式＞深翻模式。此外，深翻模式下 0～10 cm：10～20 cm 土深比下＞0.5 mm 粒径团聚体中有机碳含量层化率显著高于其他处理，而在 0～10 cm：20～40 cm 土深比下 0.25～0.5 mm 粒径团聚体中有机碳含量层化率则显著低于其他处理。

不论是播种前还是收获后，深松模式下 0～10 cm 和 10～20 cm 土层有机碳储量显著高于其他模式，深翻模式下 0～10 cm 土壤有机碳储量显著低于其他模式，而农户模式下则 30～40 cm 土层有机碳储量最低。另外从整个剖面来看，深松模式下 0～20 cm 剖面土壤有机碳储量显著高于其他处理，且 0～50 cm 剖面的土壤有机碳储量显著高于农户模式。

# 第5章　山西省小麦碳足迹与夏闲期耕作的旱地小麦碳足迹

如何有效地缓减气候变化已成为全球科学家、政治家和公众所关注的焦点问题。农业是全球人为温室气体排放的主要来源之一，通过有效措施减少温室气体排放是众多国际科学家努力的方向，而定量评价农业生产过程各个环节的温室气体排放量，对于减少温室气体排放有着非常重要的意义。碳足迹是基于生态足迹的概念，最早在英国被提出，以定量评价人类活动对全球气候变化的影响（Finkbeiner，2009）。分析山西省小麦生产及不同夏闲期耕作措施下旱地小麦生产的碳足迹，以期为山西省小麦的低碳清洁化生产提供相应的理论基础。

## 5.1　山西省小麦生产的碳足迹

目前，国际上关于农产品碳足迹的研究逐渐增多，不同地区、不同农产品的碳足迹及其构成要素差别较大（Dubey and Lal，2009；Pathak et al.，2010）。近年来，国内关于农产品碳足迹的研究逐渐增多（Cheng et al.，2015；Yan et al.，2015），但大多数研究是以面积和产量作为功能单位进行碳足迹评价，很少有研究从经济投入与产出的角度，结合农产品产值、投入成本及净利润等方面进行碳足迹分析。作物生产中的投入成本及收益在很大程度上能够影响农民的种粮积极性，进而影响农作物生产及由此造成的温室气体排放。因此，基于多种功能单位评价农产品的碳足迹，有助于从多角度理解农产品生产与气候变化的关联。

小麦在山西省农业生产中占有十分重要的地位，其种植过程中各种农资投入生产及其使用所造成的温室气体排放不容忽视，定量地评价各环节排放对于缓解温室气体有重要意义。本节主要以山西省小麦生产为例，分析2004～2013年小麦生产造成的温室气体排放动态及其影响因素，并基于作物产量、经济投入与收益等角度比较不同功能单位的碳足迹，为山西省小麦的低碳清洁化生产提供相应的理论依据。

### 5.1.1　山西省小麦生产造成的温室气体排放动态

2004～2013 年山西省小麦生产过程中农资投入造成的温室气体排放清单见表 5-1，分析得出，2004～2013 年山西省小麦生产造成的温室气体排放总体上呈逐渐增加的趋势（表 5-2），其从 2004 年的 3798.5 kg $CO_2$-eq/hm$^2$ 增加到 2013 年的 4650.5 kg $CO_2$-eq/hm$^2$，增幅达 22.4%，年均增加 74.9 kg $CO_2$-eq/hm$^2$。肥料、土壤 $N_2O$ 排放及机械操作是山西省小麦生产的主要温室气体排放源，其分别占总排放的 43.7%～49.8%、19.1%～27.1%和 17.8%～22.0%。肥料施用造成的温室气体排放主要是由氮肥和复混肥的增加造成的，年增加量分别为 29.1kg $CO_2$-eq/hm$^2$ 和 54.1 kg $CO_2$-eq/hm$^2$，而磷肥造成的排放则表现为连年降低，年减少 70.6 kg $CO_2$-eq/hm$^2$。由于小麦生产中钾肥施用量很少，由其造成的温室气体排放量微乎其微。可以看出，磷肥施用所降低的温室气体排放被氮肥和复混肥的增加所抵消。土壤 $N_2O$ 排放随氮肥施用量的增加而呈逐年增加的趋势，年增加率约 0.72%。耕作、播种和收获等机械操作造成的温室气体排放量亦呈逐年增加的趋势，其所占比例总体的变化趋势较为稳定。此外，灌溉和种子应用造成的温室气体排放分别占总排放的 3.7%～4.6%和 2.8%～3.5%，人工劳动产生的温室气体排放占 1.4%～2.3%，而农药施用对小麦生产温室气体排放造成的贡献不足 1%。

**表 5-1　2004 ~ 2013 年山西省小麦生产过程中农资投入清单**

| 项目 | | 年份 | | | | | | | | | |
|---|---|---|---|---|---|---|---|---|---|---|---|
| | | 2004 | 2005 | 2006 | 2007 | 2008 | 2009 | 2010 | 2011 | 2012 | 2013 |
| 机械操作/（kg/hm$^2$） | 耕作 | 51.9 | 50.2 | 53.2 | 52.0 | 53.7 | 52.2 | 50.4 | 51.8 | 57.7 | 63.3 |
| | 播种 | 56.6 | 54.7 | 58.0 | 56.7 | 58.6 | 57.0 | 55.0 | 56.5 | 63.0 | 69.0 |
| | 收获 | 59.4 | 57.4 | 60.8 | 59.4 | 61.4 | 59.7 | 57.7 | 59.2 | 66.0 | 72.3 |
| 氮肥/（kg/hm$^2$） | 尿素 | 56.7 | 62.0 | 76.1 | 98.6 | 113.3 | 92.3 | 78.5 | 121.5 | 137.4 | 136.4 |
| | 碳铵 | 48.6 | 63.2 | 55.7 | 44.1 | 33.8 | 36.2 | 39.2 | 46.5 | 28.7 | 13.4 |
| | 其他 | 0.8 | 0.5 | — | — | — | — | 0.5 | — | — | — |
| 磷肥/（kg/hm$^2$） | 过磷酸钙 | 69.6 | 77.9 | 60.5 | 65.6 | 43.1 | 46.8 | 61.8 | 62.7 | 38.4 | 32.6 |
| | 其他 | 8.0 | 2.6 | 24.5 | 9.8 | 6.6 | 13.5 | 4.4 | 0.0 | — | — |
| 钾肥/（kg/hm$^2$） | 氯化钾 | — | — | 1.2 | — | — | — | — | — | — | — |
| | 其他 | — | — | — | 1.1 | — | 0.6 | 0.8 | — | — | — |
| 复混肥/（kg/hm$^2$） | 复合肥 | 44.1 | 57.0 | 81.5 | 102.2 | 86.9 | 105.3 | 116.0 | 116.9 | 157.5 | 192.6 |
| | 其他 | 2.3 | 13.8 | 19.1 | 52.2 | 19.7 | 36.8 | 50.1 | 78.2 | 92.7 | 95.0 |
| 种子/（kg/hm$^2$） | | 204.8 | 205.1 | 218.4 | 214.5 | 217.4 | 236.9 | 248.4 | 225.3 | 238.4 | 233.4 |
| 农药/（kg/hm$^2$） | | 1.6 | 1.6 | 1.6 | 1.6 | 1.6 | 1.6 | 1.6 | 1.6 | 1.6 | 1.6 |
| 灌溉/（kW·h/hm$^2$） | | 142.0 | 142.0 | 142.0 | 142.0 | 142.0 | 142.0 | 142.0 | 142.0 | 142.0 | 142.0 |
| 劳动力/（天/hm$^2$） | | 101.3 | 86.6 | 89.3 | 87.5 | 91.8 | 70.5 | 74.0 | 77.1 | 75.3 | 74.9 |

注：“—”表示当年的统计年鉴中无相关数据，后同

**表 5-2　2004～2013 年山西省小麦生产造成的温室气体排放动态**（单位：kg $CO_2$-eq/hm$^2$）

| 项目 | 年份 | | | | | | | | | |
|---|---|---|---|---|---|---|---|---|---|---|
| | 2004 | 2005 | 2006 | 2007 | 2008 | 2009 | 2010 | 2011 | 2012 | 2013 |
| 机械操作 | | | | | | | | | | |
| 耕作 | 258.8 | 250.1 | 265.2 | 259.0 | 267.9 | 260.4 | 251.4 | 258.1 | 287.9 | 315.4 |
| 播种 | 282.3 | 272.9 | 289.3 | 282.6 | 292.2 | 284.1 | 274.3 | 281.6 | 314.1 | 344.1 |
| 收获 | 295.9 | 286.0 | 303.2 | 296.2 | 306.3 | 297.8 | 287.5 | 295.2 | 329.2 | 360.7 |
| 肥料 | | | | | | | | | | |
| 氮肥 | 486.7 | 566.8 | 607.4 | 680.2 | 717.1 | 617.2 | 561.0 | 808.6 | 823.2 | 759.3 |
| 磷肥 | 1171.9 | 1249.9 | 1186.1 | 1125.4 | 741.0 | 866.2 | 1014.5 | 987.0 | 604.5 | 512.4 |
| 钾肥 | — | — | 1.5 | 1.2 | — | 0.7 | 0.9 | — | — | — |
| 复混肥 | 179.6 | 224.5 | 349.1 | 402.2 | 363.9 | 427.6 | 456.6 | 467.2 | 637.9 | 758.4 |
| 种子 | 118.0 | 118.2 | 125.9 | 123.7 | 125.3 | 136.5 | 143.2 | 129.9 | 137.4 | 134.6 |
| 农药 | 19.9 | 19.9 | 19.9 | 19.9 | 19.9 | 19.9 | 19.9 | 19.9 | 19.9 | 19.9 |
| 灌溉 | 174.5 | 174.5 | 174.5 | 174.5 | 174.5 | 174.5 | 174.5 | 174.5 | 174.5 | 174.5 |
| 劳动力 | 87.1 | 74.4 | 76.8 | 75.2 | 78.9 | 60.6 | 63.6 | 66.3 | 64.8 | 64.4 |
| 土壤 $N_2O$ 排放 | 723.8 | 861.3 | 945.1 | 1032.5 | 1045.4 | 953.4 | 899.8 | 1213.6 | 1264.1 | 1206.8 |
| 共计 | 3798.5 | 4098.5 | 4344.0 | 4472.8 | 4132.5 | 4099.0 | 4147.3 | 4701.9 | 4657.5 | 4650.5 |

### 5.1.2　山西省小麦生产的碳足迹变化动态

2004～2013 年，山西省小麦的单位面积产量在 3247.5～5260.5 kg/hm$^2$，其总体上表现为逐年增加的趋势，但未达到显著水平（图 5-1a）。山西省小麦生产的产值呈显著的二次方程增长趋势（图 5-1b）；同时小麦生产的成本亦呈现同样的增长趋势（图 5-1c），由 2004 年的 4931.3 元/hm$^2$ 突增到了 2013 年的 14 313.9 元/hm$^2$。山西省生产小麦的净利润逐年显著减少，年减少量达 332 元/hm$^2$，且大多年份处于亏本状态（图 5-1d）；除 2004 年和 2013 年外，其他年份小麦净利润波动较小，从–962.7 元/hm$^2$ 到 452.7 元/hm$^2$。山西省小麦生产中小麦产量与温室气体排放没有显著相关性，产值和成本与温室气体排放呈显著正相关，净利润与温室气体排放呈显著负相关（表 5-3）。

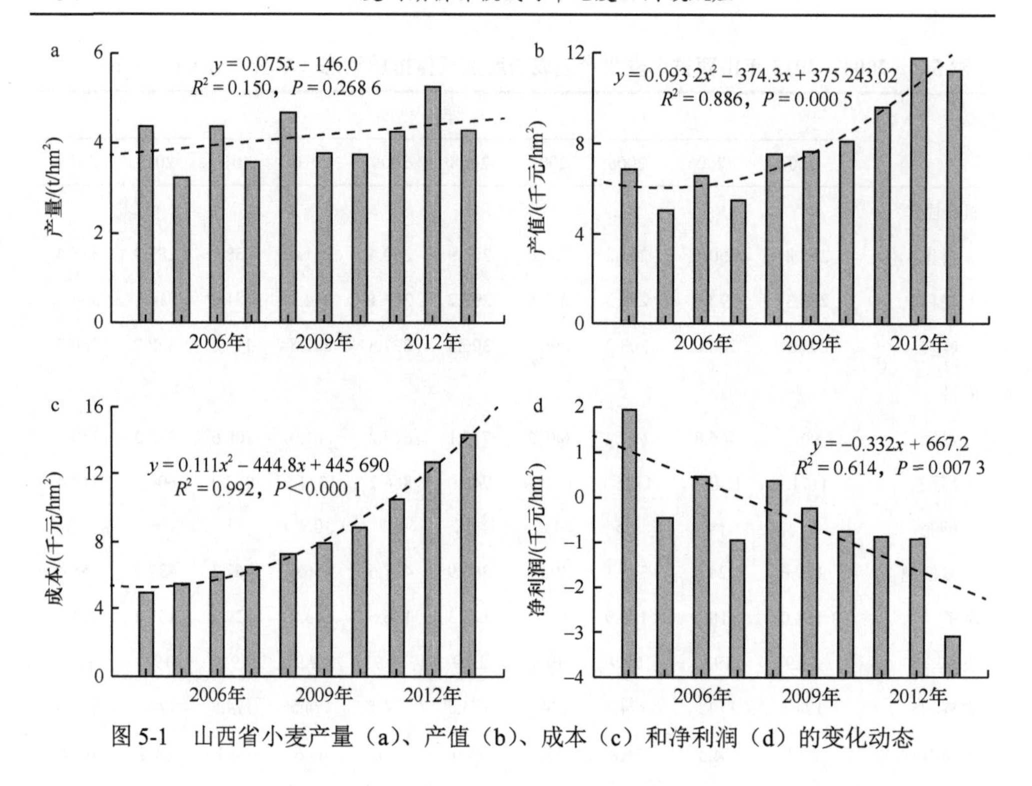


图 5-1　山西省小麦产量（a）、产值（b）、成本（c）和净利润（d）的变化动态

**表 5-3　小麦生产中产量、产值、成本和净利润与温室气体排放的相关性**

| | 产量 | 产值 | 成本 | 净利润 |
|---|---|---|---|---|
| 温室气体排放 | 0.327 | 0.636* | 0.763** | −0.749* |

从多角度评价山西省小麦碳足迹发现，功能单位不同，碳足迹的表现有所差异（图 5-2 和图 5-3）。2004～2013 年，在不考虑土壤有机碳储量变化时，山西省小麦的产量碳足迹为 0.85～1.24 kg $CO_2$-eq/kg，年际间波动较大但整体趋势变化较小（图 5-2a）。而产值碳足迹（图 5-2b）、成本碳足迹（图 5-2c）和净利润碳足迹（图 5-2d）分别为 0.39～0.81 kg $CO_2$-eq/元、0.32～0.75 kg $CO_2$-eq/元和－15.86～11.34 kg $CO_2$-eq/元，其均呈逐年递减的趋势，其中产值碳足迹和成本碳足迹达到显著水平。而考虑土壤有机碳储量变化后（图 5-3），不同功能单位的小麦碳足迹均大幅降低，降幅在 34.5%～42.8%。

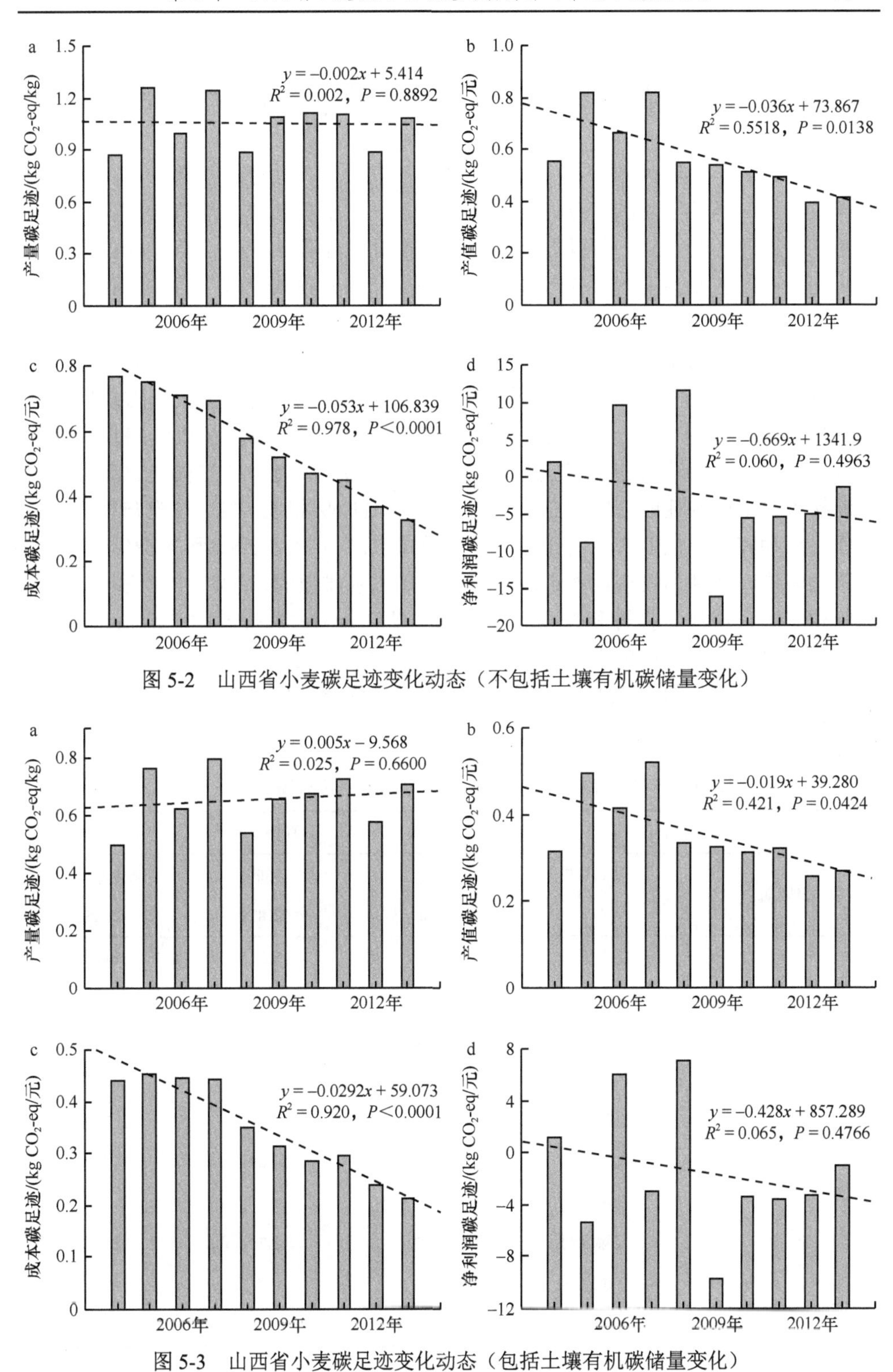


图 5-2　山西省小麦碳足迹变化动态（不包括土壤有机碳储量变化）



图 5-3　山西省小麦碳足迹变化动态（包括土壤有机碳储量变化）

## 5.2　山西省夏闲期耕作下旱地小麦的碳足迹

不同的农作管理措施下，旱地小麦生产的农资投入品有所差异。不同夏闲期耕作模式下旱地冬小麦碳足迹计算的清单见表 5-4，根据该排放清单计算出相应的温室气体排放（表 5-5）。可以看出，复合肥施用、地膜覆盖及土壤 $N_2O$ 排放是旱地小麦生产的主要温室气体排放源。深翻模式和深松模式处理下，由地膜应用造成的温室气体排放是最大贡献者，分别占总排放的 40.3%和 40.0%；其次为复合肥施用，其造成的排放分别占总排放的 25.1%和 24.9%；土壤 $N_2O$ 排放次之，分别占 16.1%和 16.0%。农户处理下，复合肥施用造成的温室气体排放占总排放的比例最大，约占 56.7%，其次为土壤 $N_2O$ 排放，约占 21.6%。另外，耕作、播种和收获等机械耗能造成的温室气体排放亦是重要的贡献者，农户模式、深翻模式和深松模式下机械耗能分别占总排放的 17.0%、11.5%和 12.2%。在农户模式下，耕作、播种和收获耗能造成的排放分别占总排放的 5.7%、2.8%和 8.5%；深翻模式下，耕作、播种和收获耗能造成的排放分别占总排放的 6.3%、1.5%和 3.8%；深松模式下，耕作、播种和收获耗能造成的排放分别占总排放的 7.0%、1.5%和 3.7%。由种子使用造成的温室气体排放占总排放的比例较低，农户模式、深翻模式和深松模式下分别占 3.2%、1.4%和 1.4%。由农药使用所造成的温室气体排放亦很低，占总排放的 0.7%～1.6%。

**表 5-4　不同耕作模式下旱地小麦生产中农资投入清单**　　（单位：$kg/hm^2$）

| 投入清单 | | 农户模式 | 深翻模式 | 深松模式 |
|---|---|---|---|---|
| 夏闲期 | 商品有机肥 | 0 | 1500 | 1500 |
| | 耕作 | 0 | 31.875 | 38.25 |
| 小麦生育期 | 复合肥 | 600 | 600 | 600 |
| | 耕作 | 21.2925 | 21.2925 | 21.2925 |
| | 播种 | 10.58 | 12.75 | 12.75 |
| | 种子 | 102.5 | 102.5 | 102.5 |
| | 地膜 | 0 | 75 | 75 |
| | 收获 | 31.875 | 31.875 | 31.875 |
| | 农药 | | | |
| | 除草剂 | 1.71 | 1.71 | 1.71 |
| | 杀虫剂 | 0.6 | 0.6 | 0.6 |
| | 灭菌剂 | 0.225 | 0.225 | 0.225 |

注：种子用量为 2013～2016 年 3 个小麦生长季平均用量

**表 5-5　不同耕作模式下旱地小麦生产中温室气体排放**　（单位：kg $CO_2$-eq/hm$^2$）

| 项目 | | 农户模式 | 深翻模式 | 深松模式 |
|---|---|---|---|---|
| 夏闲期 | 商品有机肥 | 0.0 | 205.5 | 205.5 |
| | 耕作耗能 | 0.0 | 158.9 | 190.7 |
| 小麦生育期 | 复合肥 | 1063.2 | 1063.2 | 1063.2 |
| | 耕作耗能 | 106.2 | 106.2 | 106.2 |
| | 播种耗能 | 52.8 | 63.6 | 63.6 |
| | 种子 | 59.1 | 59.1 | 59.1 |
| | 地膜 | 0.0 | 1704.0 | 1704.0 |
| | 收获耗能 | 158.9 | 158.9 | 158.9 |
| | 农药 | | | |
| | 除草剂 | 17.4 | 17.4 | 17.4 |
| | 杀虫剂 | 10.0 | 10.0 | 10.0 |
| | 灭菌剂 | 2.4 | 2.4 | 2.4 |
| | 土壤 $N_2O$ | 404.1 | 683.2 | 683.2 |

分析不同夏闲期耕作模式下旱地小麦产量可以看出（图 5-4），在不同的年份，各处理均表现为深松模式＞深翻模式＞农户模式。2013～2014 年度，各处理产量为 4833.0～5973.8 kg/hm$^2$，深松模式和深翻模式下旱地小麦产量分别较农户模式提高了 18.7%和 23.6%；2014～2015 年度各处理产量为 3906.2～5976.6 kg/hm$^2$，深松模式和深翻模式下旱地小麦产量分别较农户模式提高了 38.5%和 53.0%；2015～2016 年度各处理产量为 4812.0～6009.8 kg/hm$^2$，深松模式和深翻模式下旱地小麦产量分别较农户模式提高了 18.9%和 24.9%。对不同夏闲期耕作模式下旱地小麦生产中单位面积碳足迹分析可以看出（图 5-4），农户模式明显低于深翻模式和深松模式，而后两者之间差异较小。2013～2014 年度、2014～2015 年度和 2015～2016 年度，农户模式较深翻和深松模式分别减少了 55.6%～56.0%、55.8%～56.1%和 55.8%～56.1%。比较不同夏闲期耕作模式下单位产量碳足迹可以看出（图 5-4），农户模式下旱地小麦生产的单位产量碳足迹最低，为 0.39～0.48 kg $CO_2$-eq/kg；2013～2014 年度较深翻和深松分别降低了 47.3%和 45.6%、2014～2015 年度分别降低了 38.7%和 32.8%、2015～2016 年度分别降低了 47.4%和 45.2%。

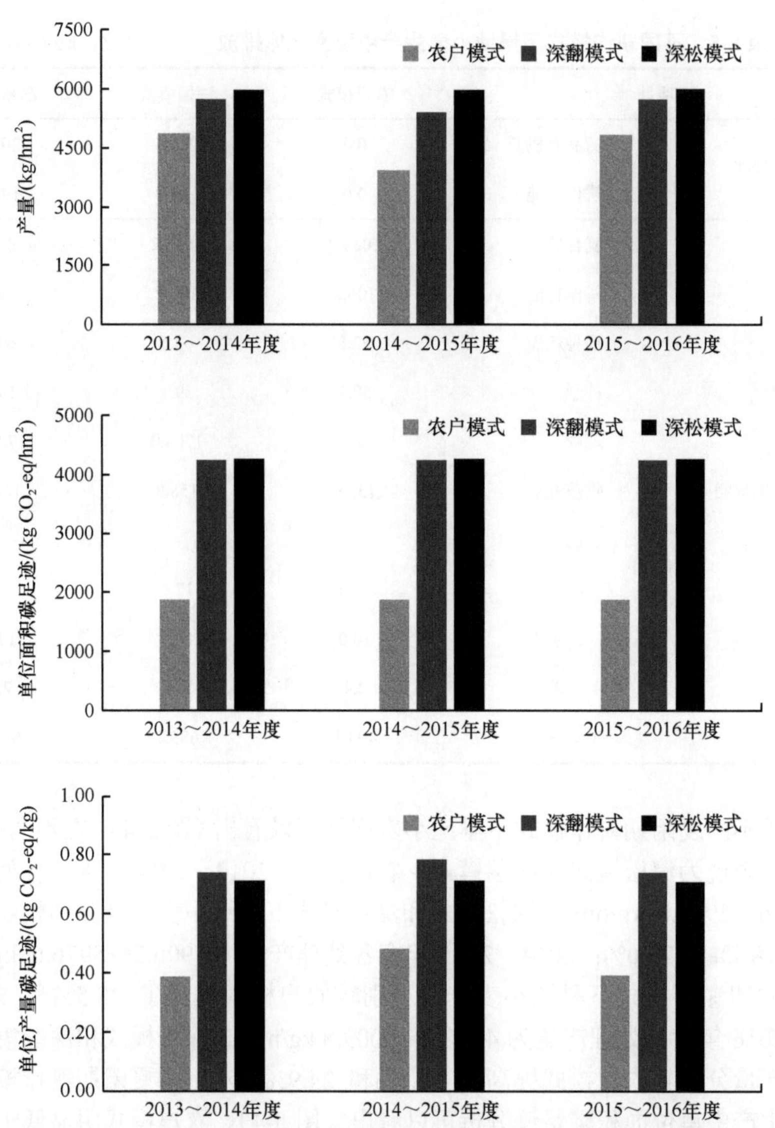


图 5-4 不同耕作模式下旱地小麦的产量、单位面积碳足迹和单位产量碳足迹

## 5.3 小　　结

2004～2013 年，山西省小麦生产造成的温室气体排放逐年增加，年均增加量达 74.9 kg $CO_2$-eq/$hm^2$；其中，肥料、土壤 $N_2O$ 排放及机械操作是主要排放源，占总温室气体排放量的 90%以上，合理施肥、加强机械一体化及土壤固碳是减少山西省小麦生产中温室气体排放及降低碳足迹的主要途径。

山西省小麦的单产略有增加，而产值和成本呈极显著增加，净利润则呈极显著降低的趋势。另外，山西省小麦的产量碳足迹总体上变化较小，但年际间波动较大；而产值碳足迹、成本碳足迹及净利润碳足迹均表现为逐年降低的趋势。

不同耕作模式下，复合肥施用、地膜覆盖及土壤 $N_2O$ 排放是旱地小麦生产的温室气体排放的主要贡献者，种子、农药使用对温室气体排放影响较小。

另外，农户模式下旱地小麦的产量低于深翻模式和深松模式，同时，其单位面积碳足迹和单位产量碳足迹均明显低于深翻模式和深松模式。

# 第6章 展　望

## 6.1 土壤理化生性状

土壤耕作是农业生产中重要的管理措施之一，该措施通过农机具直接作用于土壤，对土壤理化生特征有很大的影响。本研究发现，总体上看，夏闲期实施耕作（深翻、深松和免耕）对土壤容重及孔隙分布影响较小，但对土壤团聚体分布和土壤水分有较大影响。整体上看，收获后的土壤容重（1.09～1.52 g/cm$^3$）高于播种前（0.98～1.46 g/cm$^3$），尤其在深翻模式下增加了1.2%～22.1%。这可能与冬小麦生长过程中降水冲击及土壤的沉积作用有关（Huang et al.，2012）。另外，农户模式和深翻模式间表层土壤容重差异不显著，类似的结果在其他研究中亦被报道过（Anken et al.，2004；Peña-Sancho et al.，2017）。这可能是由于本研究在8月底对所有处理均进行了旋耕，进而抵消了夏闲期耕作差异所造成的效应。一般来说，免耕措施是指周年均不进行土壤耕作，而在本研究中农户模式仅是在休闲期不进行耕作，与通常所研究的免耕有所差异，因此对土壤的效应是有所不同的。一般认为，由于土壤扰动减少及连续的机械压实，免耕措施下土壤容重较深翻措施更高（Filho et al.，2013；Huang et al.，2012；梁金凤等，2010）。此外，亦有研究认为，免耕模式下土壤容重较深翻模式下更低（Edwards et al.，1992；Lal et al.，1994），这可能是与免耕模式下大量的秸秆覆盖有关。此外，导致不同研究间土壤容重差异的因素有很多，如气候条件、土壤质地、取样时间、种植制度、有机质含量、秸秆还田量、农机具大小及耕作强度等（Tuzzin De Moraes et al.，2016）。

另外，本研究得出，冬小麦收获后，农户模式下20～30 cm土壤容重显著高于深翻模式和深松模式。农户模式通常在8月底和播种前进行土壤旋耕，由于受到耕作的挤压和降水冲积作用的影响，容易导致20～30 cm的土壤紧实度变大，形成犁底层，进而阻碍根系向下生长，造成农户模式下作物根系主要分布在0～20 cm土层，而深翻模式和深松模式下的耕作深度更深，有利于打破犁底层，使得土壤更加疏松从而造成收获后的土壤容重有所降低。这也是农户模式下20～30 cm乃至更深土层容重高于深松模式和深翻模式的原因之一。此外，由于深翻模式和深松模式下耕作的深度分别在30 cm和40 cm左右，长期实施深翻或深松可能在30～40 cm或40～50 cm形成坚硬的犁底层，因而，40～50 cm土层容重表现为农户模式＞深翻模式＞深松模式。由于后两者的耕作深度较深，小麦根系较农户模式更易生长深扎，进而导致根系量较大从而降低容重。但也有学者认为长期实施免耕能够导致深层土壤形成大裂缝或生物活动形成大孔隙，进而导致土壤容重更低（Huang et al.，2012；Martino and Shaykewich，1994）。试验期限的长短、土壤质地及种植作物根系分布的差异等可能是造成以上结果差异的主要原因。

土壤孔隙的大小和分布对土壤水分分布及运移、作物根系生长、土壤气体交换及土壤生物的栖息条件等存在直接影响（Pires et al.，2017）。本研究得出，冬小麦播种前与收获后，农户模式和深翻模式间 0～10 cm 土层土壤总孔隙度和充气孔隙度均差异不显著。但大多研究认为长期免耕措施下（>15 年）表层 0～5 cm 土壤总孔隙度高于深翻措施，而长期免耕措施下 5～20 cm 深度则有所降低（Kay and VandenBygaart，2002）。除本试验农户模式下播种前实施旋耕外，较短的试验年限（4 年）亦可能是导致本研究处理间差异较小的原因，亦是导致不同研究结果存在差异的重要因素之一。此外，取样时，土层的划分和深度的不同亦可能是导致结果差异的原因之一，如 0～5 cm 和 5～10 cm 土壤孔隙度，如果按 0～10 cm 取样则可能抵消以上两土层的差异效应。另外，播种前和收获后，各个处理间 10～20 cm 和 30～40 cm 土层总孔隙度的表现有所不同，这可能与两个时间段不同层次土壤膨胀与收缩有关（McGarry，1988）。播种前和收获后，深翻模式下 20～30 cm 土层土壤总孔隙度显著高于农户模式，这可能是由于深翻模式下耕作较深而造成该土层疏松。此外，夏闲期耕作对 40～50 cm 土壤总孔隙度、充气孔隙度和毛管孔隙度均没有显著影响。

土壤水分作为环境体系中最活跃、最重要的因素之一，是调节生态系统功能和过程的关键驱动因子（蔡进军等，2015），是土壤-植物-大气连续体（soil-plant-atmosphere continuum，SPAC）系统中连接大气降水、地表水、土壤水和地下水循环转化的一个重要环节。在旱作小麦生产中，土壤水分是限制其产量最关键的因素之一。一般黄土高原地区降水主要在 7～9 月，其与冬小麦生长需水存在很大的时间错位（Wang et al.，2015a）。因此，将夏闲期降水最大限度地蓄积在土壤中对于旱地小麦增产有非常重要的意义。本试验研究结果显示，与农户模式和深松模式相比，深翻模式显著增加了 0～50 cm 土壤剖面的质量含水量和体积含水量，且深松模式下该剖面土壤质量含水量和体积含水量亦基本高于农户模式。这主要是由于深翻模式下打破犁底层，提升了土壤入渗能力进而接纳更多的降水，储存更多的水分（张树清和孙大鹏，1998）。但大多研究认为，免耕和深松措施较深翻措施能够增加黄土高原地区土壤水分含量（He et al.，2009；Xiao et al.，2007）。这可能是由于免耕措施减少土壤扰动，能够保护土壤微孔隙及连续性（Li et al.，2007），增加饱和导水率及提升土壤持水能力（Wang et al.，2012）。而孔晓民等（2014）则研究指出，深松模式可以有效提高旱地土壤含水量，深翻和免耕模式下土壤表层的含水量均较低。不同研究间的差异可能是农作管理不同而导致的，本研究的各处理在 8 月底及播种前均进行了土壤旋耕，该措施可能削弱了免耕及深松的保水效应。

分析看出，夏闲期土壤耕作对播种前土壤水分有很大的影响。同时，本研究条件下深翻模式和深松模式冬小麦播种时采用了地膜覆盖的方式，而该措施亦能够影响土壤水分含量。一般来说，与不覆盖相比，地膜覆盖能够明显地减少土壤水分蒸散损失，增加土壤储水量，提高水分利用效率（Dai and Dong，2014；张永涛等，2001），尤其是旱地小麦播种到拔节期间（杨长刚等，2015；张淑芳等，2011）。但亦有研究认为，地膜覆盖能够使作物生长期间的土壤水分消耗量增加（李凤民等，2001；王俊等，2003）。本研究显示，不同夏闲期耕作处理间播种前土壤水分含量的变化较收获后更大。因此，很难单一地评价夏闲期耕作或地膜覆盖对土壤水分含量的影响，这需要在将来的研究中进一步对单因素的影响进行深入研究以明确哪一项措施具有更大的效应。此外，冬小麦收获后，不同处理下 0～30 cm 剖面土壤质量含水量和体积含水量分别较播种前增加了 28.8%～78.6%和 37.5%～87.3%，而 40～50 cm 则分别降低了 3.8%～35.9%和 6.4%～35.1%。通常情况下，冬小麦生长发育过程需要消耗大量的土壤水分，但在小麦灌浆后期至成熟期间耗水逐渐减少，同时自然降水逐渐增多，因而导致耕层的土壤含水量增加，而短时间内水分还未渗入深层土壤中。

另外，冬小麦收获后，深翻模式下 10～20 cm 和 20～30 cm 土层的含水量明显高于农户模式和深松模式，这可能是由于深翻模式下对土壤扰动更大，土壤更加疏松，进而能够保持更多的水分在土壤中。30～40 cm 土层的土壤质量含水量与体积含水量表现为农户模式＞深松模式＞深翻模式，在 40～50 cm 土层表现则为农户模式＞深翻模式＞深松模式。其中，深翻模式下收获后土壤水分较播种前明显地降低，这可能是由于深翻模式下根系能够生长到更深的土壤，导致冬小麦生长发育过程中更多的水分消耗；而农户模式下由于土壤耕作次数少、深度浅，根系更多地集中于土壤的耕层内，消耗的土壤水分较少而使土壤储存的水较多。

土壤是由一系列相对密度和组成不同的有机物和无机物组成的。一般土壤有机无机复合体的相对密度低于土壤无机成分的相对密度，而高于土壤游离有机物的相对密度（鲁如坤，2000）。根据该原理可以将土壤分为重组分与轻组分两部分。其中，轻组分土壤中有机质相对活跃，能够为作物生长提供营养物质，是陆地生态系统碳氮循环的重要参与者，被认为是土壤生物调节过程的重要机制和土壤肥力指标（Alvarez et al.，1998；Christensen，2001；党亚爱等，2011）。而重组分的比重较大，主要是由高度分解后的物质组成，其相对比较稳定，分解速率非常缓慢（Christensen，1992），对于储存土壤养分、促进土壤固碳及缓解全球气候变化有非常重要的意义（董林林等，2017）。本研究中，无论旱地小麦播种前或收获后，深翻模式下 0～50 cm 土层内重组分土壤比例明显低于其他处理，且深松模式下重组分土壤比例最大。这可能是由于深翻模式下耕作强度较大，很大程度破坏了重组分土壤的结构，导致其比例减少，具体的物理或化学原因需要进一步分析探索。另外，进一步研究重组分与轻组分土壤中有机碳、养分分布及其与土壤总有机碳、养分的关系，对于了解土壤养分供应、土壤有机碳周转有着非常重要的意义。

土壤团聚体分布及其稳定性与土壤结构状况和肥力水平密切相关（陈文超等，2014），良好的团粒结构是合理调节土壤水、肥、气、热状况的基础（黄昌勇，2000），而且有利于植物根系生长、对土壤微生物的生命活动起到了积极作用。土壤中稳定性大团聚体（＞0.25 mm）的数量是土壤结构的关键指标，与土壤肥力密切相关，大团聚体数量越多，说明土壤结构越好、土壤肥力越高（刘威等，2015）。在本研究中，冬小麦播种前，深翻模式下的机械稳定性大团聚体数量显著高于农户模式和深松模式，却显著降低了水稳性大团聚体数量。而根据前人的研究发现，频繁地深翻会导致土壤团聚体机械稳定性与水稳性降低，改变自然状态下的团粒组成和结构（高飞等，2010），尤其在大团聚体上的表现更为明显。而分析本研究中深翻模式下机械稳定性大团聚体数量较多的原因，可能是深翻措施虽然对土壤扰动很大，但是切割面积大，能够将特别大块的土壤破坏成小颗粒，但亦很难将其切割到＜0.25 mm 粒径，同时亦有可能与深翻后土壤疏松更易受外界机械作业压实或降水冲击有关（Alakukku et al.，2003；Brown et al.，1992；Schffer et al.，2007）。

本研究中农户模式下的机械稳定性大团聚体数量处于 3 种模式中间，这与前人的研究结果有所不同（陈文超等，2014），但农户模式下水稳性大团聚体（＞0.25 mm）数量最多，这与大多数研究结果相同（黄丹丹等，2012）。一般农户模式较深翻和深松模式减少了人为因素对土壤的机械扰动，因而土壤结构体在一定程度上保持自然状态，土壤机械稳定性大团聚体数量应显著高于深翻与深松两种模式，但本试验结果却出现异常，这可能与土壤质地、取样时期、地膜覆盖等因素有关，还需要长期定点试验进行进一步的研究。与土壤团聚体机械稳定性相比，其水稳性能更好地反映土壤结构状况（李爱宗等，2008），尽管大团聚体在机械稳定性团聚体中所占比例较大，但其水稳性差，这可能与团粒结构的形成机制及胶结物质的不同有关（Plante and McGill，2002）。本研究中，大团聚体经湿筛后部分破碎，可能是由于大团聚体是在物理作用下聚合，即在外力或根系的作用下团聚在一起，且胶结物质多为容易被微生物利用的单糖等分子结构较为简单的有机物质，在物理作用力和胶结物质的共同作用下，大团聚体在湿筛过程中容易破碎成小团聚体或微团聚体（唐晓红等，2009）。

土壤团聚体的平均重量直径、几何平均直径和分形维数通常被用于评价土壤团聚体稳定性，团聚体稳定性与平均重量直径和几何平均直径呈正相关（张保华等，2006；周虎等，2007），土壤结构稳定性与分形维数呈负相关。本研究表明，冬小麦播种前的 0～20 cm 土层，深翻模式下机械稳定性团聚体的平均重量直径和几何平均直径值较大，分形维数值较小；而在冬小麦收获后，深松模式显著增加了平均重量直径和几何平均直径，降低了分形维数。但农户模式显著增加了冬小麦种植前后水稳性团聚体的平均重量直径和几何平均直径，降低了分形维数。周虎等（2007）在研究华北平原采用保护性耕作对土壤团聚体特征的影响时发现，免耕处理下的平均重量直径和几何平均直径均高于旋耕处理和深翻处理，这是由于土壤扰动程度越大，土壤团聚体稳定性越差，免耕处理对表层土壤的扰动较少，从而增加了表层土壤的团聚体稳定性。

团聚体稳定率、结构体破坏率及不稳定团粒指数均常被用于评价土壤团聚体稳定性。通常情况下团聚体稳定性与团聚体稳定率呈正相关，稳定率越高，越有益于土壤结构的稳定和作物的生长，团聚体稳定性与破坏率及不稳定团粒指数呈负相关（宫阿都和何毓蓉，2001）。而在本研究中，冬小麦播种前，农户模式下的稳定率最高，破坏率及不稳定团粒指数最低；冬小麦收获后，农户模式下表层土壤的稳定率最高，破坏率及不稳定团粒指数最低。Blanco-Moure 等（2012）通过对比常规深翻与免耕发现，免耕提高了表层土壤的团聚体稳定率，增加了表层土壤的稳定性，这与梁爱珍等（2009）的研究结果一致。免耕条件下土壤结构受到物理和化学作用的保护，土壤颗粒间的胶结作用增强，促进土壤的团聚作用，大粒级团聚体的含量和稳定性也有所增加（戴珏等，2010）。

耕作措施改变了土壤有机碳的分布和微生物的活动生境条件，为土壤有机物质的分解和转化创造了良好条件并造成团聚体发生改变。土壤耕作强度的增加能够促进土壤有机质周转，减少土壤团聚作用的发生（Six et al.，1998）。研究表明，传统深翻措施能够使土壤团聚体稳定性降低，造成土壤大团聚体的比例减少，而土壤微团聚体的比例增加。常规深翻措施下表层土壤易受到各种水分条件的影响，限制某些生物的活动，不仅能够使土壤团聚体经常受到干扰，而且充分暴露了受团聚体保护的免遭矿化的土壤有机质，同时也减少了能够稳定土壤团聚体的胶结物质（如碳水化合物）产生（Cambardella and Elliott，1992）。免耕措施能够提高土壤表层的生物活性，包括真菌生长、根系生长和土壤动物区系，有助于在土壤大团聚体内部结合形成微粒有机质，增强其结构稳定性，真菌菌丝体的扩展也有助于土壤大团聚体的形成（Cambardella and Elliott，1992）。Mbagwu（1989）研究不同耕作措施对土壤团聚体稳定性得出，耕作措施能够促使土壤团聚体稳定性下降，且土壤团聚体中的有效养分含量较免耕条件下有所降低。Koch 等（2014）研究表明，保护性耕作措施能够显著提高 0～5 cm 土层的土壤大团聚体数量，同时减少微团聚体数量。李景等（2015）研究得出，免耕覆盖和深松覆盖措施能够显著提高 0～10 cm 层土壤大团聚体含量，深翻措施下大团聚体含量随着耕作年限的延长明显下降。姜学兵等（2012）研究得出，免耕措施能够提高土壤水稳性团聚体平均重量直径与几何平均直径，以及大团聚体中土壤有机碳的含量和储量。唐晓红等（2009）研究得出，长期实施保护性耕作能够增加土壤有机质，土壤有机质能够增强土壤团聚体之间的黏结力和抗张强度，进而提高土壤团聚体稳定性。进一步深入研究夏闲期耕作对旱地麦田土壤团聚体形成、稳定性及各粒径中养分和有机碳含量等对于综合评价土壤质量有非常重要的意义。

## 6.2 土壤有机碳含量

与传统深翻措施相比，少免耕措施对土壤的机械作用较小，对土壤团聚体结构的扰动程度较低，能够提高有机碳的物理保护作用（Six et al.，2000），维持或提高土壤有机碳含量，进而起到改善土壤肥力的效果。相比较传统深翻措施，少免耕等保护性耕作措施能够增加 0～5 cm 土壤有机碳含量（Baker et al.，2007；Blanco-Canqui and Lal，2008；Franzluebbers et al.，1994；Lou et al.，2012）。本研究结果显示，冬小麦播种前与收获后，农户模式下表层 0～10 cm 土壤有机碳含量均显著高于深翻模式，但均显著低于深松模式（$P<0.05$）。分析认为，土壤耕作强度的增加对土壤大团粒结构的破坏性增大，能够使更多的土壤有机碳暴露，增强好氧微生物活性，进而增加了有机碳的矿化分解（Franzluebbers，2004）。而农户模式相对深翻模式对土壤的扰动较小，土壤大团粒结构保持较为完整，且其夏闲期覆盖于土壤表面的作物秸秆能够有效地防止风蚀与水蚀，从而使表层土壤维持或增加土壤有机碳和全氮含量（Six et al.，1999，2000）。一般免耕措施下表层土壤有机碳含量的提高能够促进土壤团聚体稳定性、土壤保水性、养分循环及阳离子交换能力等，从而改善土壤质量（Varvel and Wilhelm，2011）。

本研究结果得出，农户模式下 10～20 cm 层次土壤有机碳含量均低于深翻模式和深松模式，尤其与深松模式间表现为显著差异（$P<0.05$），且播种前农户模式下 20～50 cm 各土层有机碳含量均显著低于深翻处理。一般耕作深度和秸秆分布的差异能够改变耕层土壤有机碳含量（Andruschkewitsch et al.，2013；Coppens et al.，2006）。分析认为，农户模式下夏闲期间作物秸秆覆盖于土壤表面，除根系外，很少有其他有机碳源输入，而深翻模式和深松模式下土壤耕作时能够分别将部分秸秆掺混到 0～30 cm 和 0～40 cm 的土壤剖面，相对增加了土壤中的秸秆分布，从而能够提供更多的有机碳源。此外，农户模式下由于长期机械重压及缺乏深耕，耕层以下的土壤容重与紧实度增大，犁底层更加靠近地面，造成小麦的根系难以向较深层土壤生长而主要集中在表层土壤，从而使根系作为有机碳源的提供亦相对较少（Baker et al.，2007；Blanco-Canqui and Lal，2007）。一般来说，深层土壤有机碳主要来自于根系及其分泌物、可溶性有机碳的淋溶、土壤微生物等（Wilts et al.，2004；严昌荣等，2010；周艳翔等，2013），但其受外界条件及耕层微环境影响较大（Wuest，2014），因此深层土壤有机碳含量年际间和年内的变化较大，且随着土壤深度的增加，以上作用效果逐渐减弱。

目前，关于夏闲期免耕对土壤有机碳变化影响的研究较少，大多还是基于全年免耕来进行研究。Lal（1997）分析尼日利亚淋溶土得出，与传统深翻措施相比，免耕措施下 0～15 cm 土层土壤有机碳含量更高，而深翻处理 15～30 cm 土层有机碳含量相对较高，总体上 0～30 cm 剖面表现为深翻措施高于免耕措施。

Blanco-Canqui 和 Lal（2008）对美国 11 个区域的土壤剖面研究得出，与传统深翻措施相比，其中 5 个区域实施免耕措施促进了 0～10 cm 土层有机碳含量增加，免耕和深翻措施间土壤容重的差异对土壤有机碳储量有很大影响。Lou 等（2012）研究我国东北不同区域得出，与传统深翻相比，免耕措施能够增加 0～5 cm 土层土壤有机碳含量，但在不同区域 5～10 cm 土层的有机碳含量表现不同，两处理在 10～100 cm 土层的土壤有机碳含量差异不显著，土壤质地的差异可能是造成区域间土壤有机碳含量不同的主要因素之一。与深层土壤相比较，表层土壤更容易受到外界扰动的影响，尤其是土壤微生物活性的增强能够使土壤有机碳分解更快，且表层土壤温度与湿度波动更大，而深层土壤有机碳则存在于周转较慢的土壤团聚体中而受到保护（Lorenz and Lal，2005）。分析免耕措施下深层土壤有机碳含量较低的原因主要包括以下几方面：一是深翻措施能够将秸秆翻埋在土壤的更深处，而免耕措施则将秸秆覆盖于土壤表面。相比较而言，深层土壤受微生物和侵蚀作用较小，相对有利于有机碳积累（VandenBygaart et al.，2003），虽然免耕措施下土壤有机碳有可能通过蚯蚓洞淋失到较深土壤（Lorenz and Lal，2005），但是这种作用较翻埋的作用影响更微小。二是免耕措施下表层土壤水分较高且温度适宜，大多的作物根系集中在土壤表层；但由于其土壤紧实度高，不利于根系向深层土壤扎根生长；而深翻措施能够疏松耕作层土壤，深层土壤条件更适合根系生长，其深层土壤中分布的根系密度比免耕措施更大（Braim et al.，1992；Qin et al.，2006）。三是在深翻措施下，随着耕作翻埋到土壤中的秸秆与土壤基质接触更加紧密（Angers et al.，1997），由于翻埋秸秆分解的有机碳更容易与黏粒和复合矿物质结合，能够被嵌入或吸附于难以分解的土壤混合物进而形成更加稳定的土壤有机碳组成。本研究分析了旱地麦田土壤有机碳含量的变化特征，但对其变化影响机制的研究较为薄弱，进一步进行相关机制的研究是未来评价旱地麦田与土壤固碳效应的重点方向。

## 6.3 土壤有机碳组分

一般不同土壤组分中的有机碳含量对耕作措施的敏感性有所差异，分析不同耕作措施下土壤组分中有机碳含量的变化，对于理解土壤有机碳的周转有着重要的意义。本研究得出，土壤各组分有机碳含量（易氧化有机碳、颗粒态和矿物结合态有机碳、＞0.5 mm 和 0.25～0.5 mm 粒径土壤团聚体中有机碳）在土壤剖面的变化规律基本上表现为随着土壤深度的增加而呈降低趋势。分析认为，造成该现象的主要原因是土壤空间上的自然属性分布差异。另外，随着土壤深度的增加，作物还田秸秆及根系分布逐渐减少，能够供给的有机碳源亦逐渐减少，这也可能影响土壤有机碳组分的空间分布。

研究得出，农户模式下大多土层的各组分有机碳含量低于深松模式和深翻模式。而一般认为免耕处理下表层土壤有机碳组分含量高于深翻处理，但深层土壤低于深翻和深松处理（Dikgwatlhe et al.，2014；Liu et al.，2014；姬强等，2012）。这可能是由于夏闲期免耕措施下秸秆覆盖于土壤表面，而随着耕作强度与耕作深度的增加，相比较而言，夏闲期深翻模式和深松模式下表层土壤的秸秆量和根系分布逐渐减少，表层土壤中有机物质供应量减少而导致各组分有机碳含量降低。土壤轻组和颗粒态有机碳对表层土壤植物秸秆残茬的积累及根系分布的变化非常敏感，其周转更快，与土壤有机碳的矿化速率及养分供应能力有密切关系，土壤轻组和颗粒态有机碳含量的增加更有利于改善土壤质量（Cambardella and Elliott，1992；龚伟等，2008），而重组和矿物结合态有机碳与土壤矿物质结合得更加紧密且更加稳定，其增加有助于土壤有机碳固定，进而有利于缓减气候变化。本试验中，农户模式下 10～20 cm 大多数土壤有机碳组分含量均低于深松模式和深翻模式，甚至部分组分达到显著水平，且播种前和收获后的规律存在一定差异，对深层 40～50 cm 土层影响较小。本研究与其他结果存在差异的原因可能是本试验中仅在夏闲期进行免耕，而其他研究中则长期实施免耕，这与其他研究差异较大，且在小麦播种前所有处理均实施旋耕，可能进一步减弱了处理间的差异及免耕的效应。此外，免耕处理下深层土壤轻组及颗粒态有机碳和氮素的减少，可能降低了土壤养分的供应能力，从而影响了作物生长。

Dikgwatlhe 等（2014）对华北平原冬小麦-夏玉米种植系统研究得出，免耕秸秆还田和旋耕秸秆还田措施下 0～10 cm 颗粒和矿物结合态、重组和轻组有机碳均较深翻秸秆还田和深翻秸秆不还田处理有所增加，但＞10 cm 则显著降低。Liu 等（2014）基于黄土高原进行的 17 年定位耕作试验分析得出，与深翻措施相比，免耕措施 0～5 cm 颗粒态有机碳含量增加 155%，5～10 cm 增加 67%，＞10 cm 层次没有差异。可以看出，以上大多研究认为免耕处理 5～10 cm 土壤有机碳组分有所增加，与本研究相悖，这可能与土壤类型、农作管理等条件的差异有关，也可能由于土壤生物活动间接地将土壤表层的有机碳带到亚表层的 5～10 cm 或更深土层（Sá and Lal，2009），从而增加了 5～10 cm 层次各组分有机碳含量。

## 6.4 土壤有机碳储量

为了缓解全球气候变化，增加土壤有机碳储量是重要的途径之一，合理的农作管理措施能够增加土壤固碳。本研究结果表明，农户模式下 0～50 cm 剖面土壤有机碳储量基本上均低于深翻模式和深松模式。分析可以看出，夏闲期耕作对土壤容重影响较小，但是对有机碳含量影响较大；农户模式下＞10 cm 土层的有机碳含量均较低。因此农户模式下仅在 0～10 cm 土层有机碳储量较高，与其他研究结果相似（Blanco-Canqui and Lal，2008；Lou et al.，2012；Puget and Lal，2005；West and Post，2002），但对深层土壤碳储量则仍没有统一看法。Lou 等（2012）研究表明，与传统翻耕相比，免耕措施下 10～100 cm 各土层有机碳储量略低或差别不大。Varvel 和 Wilhelm（2011）研究分析得出，有机质的输入是影响土壤有机碳储量的主要因素之一，除此之外，还有很多因素能够影响土壤有机碳储量。例如，土壤质地对土壤有机碳储量有一定影响，与黏土和砂黏土比较，重黏土能够持有更高的有机碳储量（de Moraes Sá et al.，2013）。

另外，本试验条件下，收获后各处理 0～50 cm 剖面土壤有机碳储量均较播种前有所降低，与以往的研究结果有所差异。West 和 Post（2002）基于全球 67 个长期试验结果得出，转换深翻措施到免耕措施，土壤有机碳储量以年增加量约（57±14）$gC/m^2$ 的速率变化，在 15～20 年之后可能达到新的碳平衡。Dumanski 等（1998）分析加拿大地区土壤研究得出，转换为免耕处理后，土壤有机碳储量以 50～75 g $C/(m^2 \cdot a)$ 的速率增加，在 25～30 年之后达到新的碳平衡状态。Smith 等（1998）分析欧洲耕作试验结果得出，从传统深翻措施转换到免耕措施后，土壤有机碳储量能够以 0.73%±0.39%的速率增加，并可能于 50～100 年后达到新的碳平衡状态。综上所述，耕作年限的长短对土壤固碳有很大的影响，且不同地区间土壤有机碳储量的增速及达到新平衡的时间有所差异。本研究基于 4 年的夏闲期耕作试验，试验实施年限相对较短，因此，进一步延长试验年限评价不同耕作措施的土壤固碳效应是非常必要的。另外，其他诸如地势地形、土壤质地、气候条件、作物种类、生物多样性和秸秆输入量等因素均能够影响土壤有机碳储量（Jenny，1941；Virto et al.，2012），进一步加强在不同生态区域、农作制度及土壤类型等条件下开展相关研究，对正确评价耕作措施对土壤有机碳储量的影响有很重要的意义。

当前，国内计算土壤有机碳储量采用较多的方法是等深度法，其与土壤容重、土壤有机碳含量有密切关联。大多研究表明，不同土壤耕作措施对耕层的土壤容重影响较大（张海林等，2003），从而对同一深度耕层的土壤重量有很大影响。因此，采用等深度法并不能客观合理地评价耕作措施对土壤有机碳储量的影响（Hooker et al.，2005）。Ellert 和 Bettany（1995）首次提出等质量法用于评价不同耕作措施下土壤有机碳储量的差异，该方法能够避免耕作引起的土壤容重和耕层厚度变化给计算土壤有机碳储量带来的偏差。国内已有部分学者利用等质量法评价比较了不同耕作措施下华北平原与南方双季稻田土壤有机碳储量的差异（何莹莹等，2010；孙国峰等，2010；魏燕华等，2013）。孙国峰等（2010）基于等深度法和等质量法对土壤有机碳储量与土壤容重、有机碳含量进行了相关性探讨，研究认为，采用等深度法计算的表层 0～5 cm 土壤有机碳储量随着土壤容重的增大而呈增加趋势，而利用等质量法计算的表层土壤有机碳储量受土壤容重的影响较小。此外，等质量法计算的表层土壤有机碳储量与土壤有机碳含量的相关性相较于等深度法更好，这些结果均能够体现耕作措施对耕层土壤有机碳储量的影响。此外，梁爱珍等（2006）研究东北地区不同耕作措施对黑土有机碳储量也认为，等质量法计算土壤有机碳储量能够更为准确地反映耕作措施对土壤有机碳储量的影响。本研究中，采用等质量法对不同夏闲期耕作模式下旱地麦田土壤有机碳储量评价得出，其值与等深度法差别不大，这可能是由于本研究各处理 8 月底与播种前均进行了旋耕，抵消了耕作措施对土壤质量的部分影响。

## 6.5 土壤层化率

土壤层化率在一定程度上能够体现表层土壤特性与深层土壤特性的关系。因此，土壤层化率通常被用于评价土壤质量（Moreno et al.，2006）。由于表层土壤有机物质在控制侵蚀、保持水分与养分方面有很重要的意义，所以土壤有机碳库的层化率通常被用来评价土壤质量，且其增加可能与土壤固碳速率与固碳量有一定关系（Franzluebbers，2002；Moreno et al.，2006）。此外，评价其他土壤理化生性状的层化率亦能够表征土壤剖面上的属性特征，对于评价土壤质量亦有重要意义。一般认为，深翻措施扰动土壤而使间接提供的养分在耕层分布均匀，而免耕措施下作物秸秆覆盖于土壤表面而使提供的养分呈现表面富集现象（Sá and Lal，2009）。本研究中，各处理土壤物理指标各土深比的层化率大多<2，且各处理间差异较小；而土壤化学性状和酶活性、有机碳及其组分 0～10 cm∶10～20 cm 层化率一般均<2，但随着土壤深度的增加，其层化率逐渐增加，0～10 cm∶40～50 cm 甚至更大。Franzluebbers（2004）试验结果显示，各耕作模式下土层 0～10 cm 与其他土层的土壤容重层化率均随土壤的加深呈减小的趋势。Lou 等（2012）研究认为，免耕处理下土壤有机碳层化率（1.5～1.8）高于深翻处理（1.2～1.3），与本研究结果类似，但其层化率值低于本试验结果，而其他研究的层化率则为 1.1～1.9（深翻处理）和 2.1～4.1（免耕处理）（Díaz-Zorita and Grove，2002；Franzluebbers，2002；Franzluebbers et al.，2007）。这可能是试验年限的不同及秸秆还田量的差异造成的，此外东北地区更大的风蚀及干旱气候造成的土壤退化也可能是造成差异的重要原因之一（Lou et al.，2012）。Franzluebbers（2002）通过研究分析得出，通常来看，对于较为贫瘠的土壤，其耕层有机碳库的层化率在大于 2 时可能指示土壤质量较好。目前，关于不同环境条件下、不同土壤指标、不同土深比层化率的最佳范围是多少了解甚少，进行相应的研究对于了解土壤层化率对土壤质量评价中的贡献意义重大。

从本研究结果可以看出，夏闲期耕作对土壤物理性状层化率的影响较小，对部分土壤化学性状和酶活性、土壤有机碳及其各组分有机碳影响较大；另外，农户模式下 0～10 cm 和 10～30 cm 各层次部分土壤化学性状、土壤有机碳及其组分基本高于深翻模式，其他研究亦有类似现象。Sá 和 Lal（2009）研究得出，免耕措施能够增加土壤有机碳及各有机碳组分的层化率，且土壤颗粒态有机碳的层化率高于土壤矿物结合态有机碳的层化率。这种趋势在一定程度上能够说明土壤的自然恢复过程，免耕措施下通过长期向土壤表面输入生物量而引起有机碳向稳定态库的周转过程（Prescott et al.，1995），即土壤颗粒态有机碳向土壤矿物结合态有机碳的周转。而土壤实施耕作后，耕层土壤的团聚体遭受破坏，更多的、疏松的表层土壤暴露于好养微生物，造成有机碳的矿化损失，进而延迟土壤自然恢复的时间（Sá and Lal，2009）。而土壤颗粒态有机碳含量的降低间接地减少了矿物结合态有机碳，相对来看加速有机碳的矿化分解（Chatskikh and Olesen，2007）。免耕措施下土壤有机碳较高的层化率能够在一定程度上反映表层更好的土壤质量，如有助于改善土壤水分渗透、有利于形成更稳定的土壤团聚体，尤其是大孔隙的形成能够更快地向下层土壤输送水分，且在一定程度上反映土壤具有充足的有机物质和养分供应能力，能够持续为土壤微生物活动提供更加多样化的营养（Franzluebbers，2002）。但是，较高的层化率亦可能造成耕层养分在土壤整个剖面分布得不均匀，对深层土壤养分的供应、根系生长乃至作物植株的生长均会造成一定程度的不利影响，适当地实施轮耕可能是改善其层化率的潜在良好途径（孙国峰等，2010）。本研究对土壤有机碳及其组分层化率进行分析，对评价旱地麦田土壤质量有一定的参考意义。另外，不同的土壤条件、气候条件、作物种类、种植制度、耕作年限等诸多因素的差异，均能够导致土壤有机碳发生改变，从而影响土壤理化生特征的层化率，进一步强化相关影响机制的研究是未来工作的方向。

另外，本研究主要分析了不同夏闲期耕作模式下晋南旱地麦田土壤部分物理、化学和酶活性等性状，虽然本研究实施以前已经进行了 4 年的定位试验，但本研究仅在小麦一个生长季的播种前和收获后进行了分析，而相关的规律是否稳定仍需要进一步研究分析。

## 6.6 小麦碳足迹

### 6.6.1 山西省小麦生产中温室气体排放影响因素分析

近年来，随着社会公众对气候变化等环境问题的日益关注，科学评价人为活动造成的气候变化环境压力、寻找适当的解决之道是众多科学家努力的研究方向。农业生产与人类生存息息相关，且受人为影响较大。随着我国农业农村现代化进程的加速，农业生产中肥料、农药、机械柴油等农资投入量快速增加，而这些农资投入大量消费的同时，造成了大量的温室气体排放（West and Marland，2002），因此定量准确评价农资投入造成的相关温室气体排放对于我国农业生产的低碳清洁化发展有着非常重要的意义。

本研究得出，2004～2013年山西省小麦生产造成的温室气体排放逐年增加，这主要与氮肥、复混肥及机械操作的柴油消耗的增加有关。分析看出，山西省小麦生产中氮肥和复合肥的施用量快速增加，而磷肥用量明显减少，几乎不专门另施钾肥，因此，科学合理施用氮肥和复合肥，提高肥料利用率将是缓减温室气体排放的重要途径之一。另外，当前山西省旱地小麦种植面积占总面积的一半以上，在其种植过程中通常在播种前采用“一炮轰”的施肥方式，即播种前一次性将肥料施入土壤，此后不再追肥。由于施入土壤的部分肥料以挥发、淋失等多种途径损失，且小麦在漫长的冬季对氮素吸收较少，导致肥料利用率较低（陈磊等，2007；樊军和郝明德，2003）。根据农业部制定的《到2020年化肥使用量零增长行动方案》，到2020年，我国将通过推进测土配方施肥、推进施肥方式转变、推进新肥料新技术应用、推进有机肥资源利用和提高耕地质量水平这5个方面，初步建立科学施肥管理和技术体系，明显提升科学施肥水平（中华人民共和国农业部，2016），该方案的实施对于农业温室气体排放具有十分重要的影响。据分析，自2005年国家启动实施测土配方施肥项目以来，我国肥料利用率稳步回升，小麦氮肥、磷肥和钾肥利用率分别提高到32%、19%和44%，同时，化肥用量增幅出现下降趋势（中华人民共和国农业部，2016），而山西省针对以上肥料管理措施及其利用效率相关的研究较少，需进一步基于山西省的具体情况加强该方面的工作，努力实现山西省麦田化肥零增长。另外，采用免耕等保护性耕作措施能够减少土壤耕作而降低机械耗能造成的温室气体的间接排放，减少麦田土壤$N_2O$排放，进而减少小麦生产中总温室气体排放（赵建波等，2008）。加强多功能一体化农机的研发与推广，如集土壤耕作、施肥和播种等功能于一体，减少机械操作环节，从而有效减少机械操作耗能造成的温室气体排放。近年来，小麦宽窄行探墒沟播栽培技术在晋南地区被大力推广（石建军和张成荣，2016），该技术同时兼具灭茬、开沟、施肥、播种和镇压等多个功能，能够减少机械操作耗能造成的温室气体排放。

本研究中山西省小麦生产中农药使用导致的温室气体排放量及其比重很小，然而，为防治病虫草害，在小麦生产中经常使用过量的农药，其购买费用大幅度增加。而过量使用的农药残留在农产品及周边农田环境中，影响农产品质量安全和生态环境安全（国家发展和改革委员会价格司，2005），因此，在小麦生产中亦要控制农药使用。目前，在计算农田生态系统温室气体排放时，众多学者关于是否考虑劳动者工作造成的能源消耗有不同的看法。West 和 Marland（2002）认为，不管劳动者劳动与否，均进行正常的呼吸作用，因而在计算时不考虑劳动者的能源消耗。刘巽浩等（2013，2014）则认为，无论是发达国家还是不发达国家，人工耗能均是农业生产能源消耗的重要内容之一，不应该忽略不计。李洁静等（2009）在计算水稻碳排放时亦对劳动力进行了核算。

### 6.6.2 山西省小麦碳足迹变化及其影响因素

目前，大多关于农产品碳足迹的研究是以单位面积或单位质量为功能单位进行评价，研究表明，我国小麦的平均产量碳足迹约为 0.265 kg $CO_2$-eq/kg（Wang et al.，2015b）、0.22 kg $CO_2$-eq/kg（Cheng et al.，2015）和 0.66 kg $CO_2$-eq/kg（Yan et al.，2015）。而比较不同休闲期耕作模式得出，山西省旱地小麦的产量碳足迹为 0.39～0.78 kg $CO_2$-eq/kg，农户模式下较深翻和深松模式分别减少了 55.6%～56.1%。而李萍等（2017）研究山西省临汾地区雨养冬小麦的碳足迹得出，不同耕作措施下的产量碳足迹为 0.08～0.28 kg $CO_2$-eq/kg，免耕秸秆还田明显较旋耕秸秆还田和旋耕不还田产量碳足迹降低了 18.5%～37.3%。另外，徐小明（2015）在山西省晋中地区研究得出，在传统耕作方式下，该地区冬小麦生产的产量碳足迹为 1.36 kg $CO_2$-eq/kg。分析认为，不同研究中碳足迹的差异可能是由计算碳足迹的方法、研究的区域尺度、农资投入的碳排放因子参数等方面的差异造成的。本研究采用生命周期评价法，尽可能地考虑山西省小麦生产中温室气体排放清单，并采用了我国本地化的碳排放参数，一般国内农资品的生产耗能较国外更高，因此，本研究中小麦生产的碳足迹值高于其他研究。另外，由于不同区域气候条件、地理位置和科技水平等差异，小麦生产中的农作管理措施（如耕作管理、施肥条件、种植品种、种植制度等）有所不同，这些因素均可能影响潜在温室气体排放和小麦生长发育，进而影响小麦产量和小麦碳足迹；不同区域土壤条件、肥料管理等差异对土壤 $N_2O$ 排放有很大影响；另外，农户对低碳的认知及当地政府的政策扶持等亦可能影响低碳知识与技术的推广普及；以上因素均可能造成山西省小麦生产的碳足迹与我国的平均水平有一定差异。

转变土地利用方式与采用农田推荐管理措施是增加土壤有机碳固定、降低大气 $CO_2$ 浓度及缓减全球气候变化的有效途径之一。本研究得出，不考虑土壤有机碳储量变化时，山西省小麦的产量碳足迹为 0.85～1.24 kg $CO_2$-eq/kg，远高于其他研究；考虑有机碳储量后，其为 0.50～0.79 kg $CO_2$-eq/kg，与 Yan 等（2015）研究结果基本一致。一般长期实行少免耕、秸秆还田等措施能够改变土壤性状及农田微环境，从而可以维持或增加土壤有机碳（Kahlon et al.，2013）。当碳足迹计算包括土壤有机碳储量变化时，农产品碳足迹大幅度降低，在实施固碳减排技术条件下甚至表现为负值，即表现为碳汇（Gan et al.，2012b；Xue et al.，2014）。本研究结合土壤有机碳储量得出，不同功能单位的小麦碳足迹均大幅度降低。本研究中土壤有机碳储量变化参考 Lu 等（2009）在当前秸秆还田条件下的估算值，在一定程度上影响小麦碳足迹的精确度，但其总体的变化规律基本是一致的，而进一步对麦区土壤有机碳储量变化进行调研分析是很有必要的。目前，国内碳足迹计算时，各项农资投入的温室气体排放因子大多基于国外的参数，而本研究则基于我国本地化的生命周期数据库，与其他研究相比碳足迹值更加接近实际情况。另外，由于缺乏山西省小麦生产中农药用量与灌溉耗能的数据，本研究中相关数据参考已有文献（Yan et al.，2015），虽然年际间动态未能体现，但整体上看小麦生产碳足迹的变化规律是基本一致的，进一步通过实际调查等途径准确收集该部分数据对于准确计算山西小麦生产碳足迹有重要意义。

本研究基于不同的功能单位评价山西省小麦生产的碳足迹，结果得出，不同功能单位的小麦碳足迹差异较大，尤其是净利润碳足迹年际间波动很大。除产量碳足迹外，小麦生产的其他功能单位的碳足迹均表现为逐年降低的趋势。山西省小麦生产中温室气体排放与小麦的产值和成本呈显著正相关关系，与净利润呈显著负相关关系。这可能是由于小麦生产成本的增加主要用于购买肥料和能源等农资品，进而造成温室气体的增加。而近年来山西省小麦种植基本处于亏本状态，从而净利润碳足迹为负值，但并不意味着小麦生产为碳汇。在小麦碳足迹降低的同时，降低小麦生产成本，增加净利润，是平衡小麦生产力、生态环境及经济效益的关键。通过调整施肥量、改变施肥时期和施肥方法、选用适当的肥料类型能够在实现作物增产的同时适当地降低肥料投入成本。加强多功能一体化农机的研发与推广，减少小麦生产中的能源消耗是降低投入成本的重要途径，同时也是减少温室气体排放、缓减气候变化的重要手段。

本研究采用生命周期评价法分析了山西省小麦生产的碳足迹变化动态，大部分数据源于《全国农产品成本收益资料汇编》，但该资料库仍有部分所需数据缺失或者需要转换。针对此问题，本研究基于前人的文献进行了相应的补充。另外，本研究计算碳足迹时，土壤 $N_2O$ 排放的计算采用《2006 年 IPCC 国家温室气体清单指南》提供的方法与缺省值，由于气候条件、土壤环境、作物品种及农作管理措施的差异，本研究中土壤 $N_2O$ 排放与实际排放是有一定差异的，但总体的变化规律是基本一致的。目前，静态箱测定法常被用来测定土壤 $N_2O$ 排放，进一步对山西省小麦主产区进行实际测算，对于进一步准确计算小麦碳足迹、制定相应的温室气体缓减措施有十分重要的意义。此外，在计算不同夏闲期耕作模式下旱地小麦碳足迹时，土壤的非 $CO_2$ 温室气体参考白红英等（2003）在西北地区对旱地小麦的研究结果，通过氮肥施用后每天的 $N_2O$ 排放量乘以氮肥施用到小麦收获的天数估算得出，估算值与实际测量值有一定的差异，进一步通过静态箱法测定不同处理下旱地小麦生产过程中温室气体排放对于准确计算旱地小麦碳足迹及其优化有重要意义。

## 6.7 结　　论

（1）不论旱地小麦播种前或收获后，在 0～50 cm 剖面，随着土壤深度的增加，土壤理化生性状有所差异。土壤容重和重组分土壤比例逐渐增加，轻组分土壤比例、速效养分含量、酶活性、土壤总有机碳及各组分有机碳均逐渐降低；总孔隙度呈先降低后略增加的变化趋势；毛管孔隙度变化较小。

（2）随着土壤深度的增加，表层 0～10 cm 与其他层次土壤物理、速效养分和酶活性等指标在各土深比下的层化率亦表现不一致；但土壤有机碳及各组分有机碳含量的层化率呈逐渐增加的变化趋势，且收获后各指标的层化率值均高于播种前对应土深比的值。农户模式下 0～10 cm 与＞20 cm 土层的总有机碳、颗粒态土壤有机碳、矿物结合态土壤中有机碳含量的层化率均较高。

（3）深翻模式较其他处理增加了整个 0～50 cm 剖面＞0.25 mm 机械稳定性大团聚体比例，但显著降低了水稳性大团聚体比例；农户模式则有相反的效应。夏闲期耕作对耕层土壤机械稳定性团聚体的平均重量直径、几何平均直径及分形维数有很大影响，对水稳性团聚体各参数影响较小。此外，深翻模式降低了 0～50 cm 剖面各层次土壤团聚体的稳定率，增加了其破坏率和不稳定团粒指数；而农户模式则较其他处理增加了土壤团聚体的稳定率，降低了其破坏率和不稳定团粒指数。

（4）深松模式下 0～40 cm 各土层总有机碳、易氧化有机碳、矿物结合态土壤有机碳含量显著高于农户模式；0～10 cm 土壤颗粒态有机碳含量显著高于其他处理。深翻模式下 0～10 cm 土层矿物结合态土壤有机碳含量显著低于农户模式，而 20～50 cm 各土层则显著高于农户模式。农户模式下 0～40 cm 各土层 0.25～0.5 mm 粒径团聚体中有机碳含量均显著低于其他处理。

（5）不论播种前还是收获后，深松模式下 0～10 cm 和 10～20 cm 土层有机碳储量显著高于农户模式，深翻模式下 0～10 cm 土壤有机碳储量显著低于其他模式，而农户模式则在 30～40 cm 和 40～50 cm 土层土壤有机碳储量最低。另外深松模式下 0～20 cm 剖面土壤有机碳储量显著高于其他处理，且 0～50 cm 剖面的土壤有机碳储量显著高于农户模式。

（6）2004～2013 年，山西省小麦生产造成的温室气体排放逐年增加；肥料、土壤 $N_2O$ 及机械操作是主要排放源，占总温室气体排放量的 90%以上，合理施肥、加强机械一体化及土壤固碳是减少山西省小麦生产中温室气体排放及降低碳足迹的主要途径。此外，山西省小麦的单产略有增加，而产值和成本呈极显著增加，而净利润则呈极显著降低的趋势。山西省小麦的产量碳足迹总体上变化较小，但年际间波动较大；而产值碳足迹、成本碳足迹及净利润碳足迹均表现为逐年降低的趋势。

（7）不同夏闲期耕作模式下，复合肥施用、地膜覆盖及土壤 $N_2O$ 排放是旱地小麦生产的温室气体排放的主要贡献者，种子、农药使用对温室气体排放影响较小。另外，农户模式下旱地小麦的产量低于深翻模式和深松模式，同时，其单位面积碳足迹和单位产量碳足迹均明显低于深翻模式和深松模式。

# 参 考 文 献


白红英, 韩建刚, 张一平. 2003. 覆盖种植措施对农田土壤中 $N_2O$ 排放的影响[J]. 农业环境科学学报, 22(4): 394-396.

蔡进军, 韩新生, 张源润, 等. 2015. 黄土高原土壤水分研究进展[J]. 宁夏农林科技, 56(8): 55-57, 60.

陈磊, 郝明德, 张少民, 等. 2007. 黄土高原旱地长期施肥对小麦养分吸收和土壤肥力的影响[J]. 植物营养与肥料学报, 13(2): 230-235.

陈文超, 朱安宁, 张佳宝, 等. 2014. 保护性耕作对潮土团聚体组成及其有机碳含量的影响[J]. 土壤, 46(1): 35-40.

戴珏, 胡君利, 林先贵, 等. 2010. 免耕对潮土不同粒级团聚体有机碳含量及微生物碳代谢活性的影响[J]. 土壤学报, 47(5): 923-930.

党亚爱, 王国栋, 李世清, 等. 2011. 黄土高原典型土壤剖面有机碳物理组分分布特征[J]. 自然资源学报, 26(11): 1890-1899.

董林林, 张海东, 于东升, 等. 2017. 引黄灌淤耕作对剖面土壤有机质组分构成的影响[J]. 土壤学报, 54(3): 613-623.

樊军, 郝明德. 2003. 旱地农田土壤剖面硝态氮累积的原因初探[J]. 农业环境科学学报, 22(3): 263-266.

高飞, 贾志宽, 韩清芳, 等. 2010. 有机肥不同施用量对宁南土壤团聚体粒级分布和稳定性的影响[J]. 干旱地区农业研究, 28(3): 100-106.

高艳梅, 孙敏, 高志强, 等. 2015. 不同降水年型旱地小麦覆盖对产量及水分利用效率的影响[J]. 中国农业科学, 48(18): 3589-3599.

宫阿都, 何毓蓉. 2001. 金沙江干热河谷典型区（云南）退化土壤的结构性与形成机制[J]. 山地学报, 19(3): 213-219.

龚伟, 颜晓元, 蔡祖聪, 等. 2008. 长期施肥对小麦-玉米作物系统土壤颗粒有机碳和氮的影响[J]. 应用生态学报, 19(11): 2375-2381.

关松荫. 1986. 土壤酶及其研究法[M]. 北京: 农业出版社.

国家发展和改革委员会价格司. 2005. 全国农产品成本收益资料汇编[M]. 北京: 中国统计出版社.

何莹莹, 张海林, 孙国锋, 等. 2010. 耕作措施对双季稻田土壤碳及有机碳储量的影响[J]. 农业环境科学学报, 29(1): 200-204.

黄昌勇. 2000. 土壤学[M]. 北京: 中国农业出版社.

黄丹丹, 刘淑霞, 张晓平, 等. 2012. 保护性耕作下土壤团聚体组成及其有机碳分布特征[J]. 农业环境科学学报, 31(8): 1560-1565.

姬强, 孙汉印, 王勇, 等. 2012. 土壤颗粒有机碳和矿质结合有机碳对 4 种耕作措施的响应[J]. 水土保持学报, 26(2): 132-137.
姜学兵, 李运生, 欧阳竹, 等. 2012. 免耕对土壤团聚体特征以及有机碳储量的影响[J]. 中国生态农业学报, 20(3): 270-278.
孔晓民, 韩成卫, 曾苏明, 等. 2014. 不同耕作方式对土壤物理性状及玉米产量的影响[J]. 玉米科学, 22(1): 108-113.
李爱宗, 张仁陟, 王晶. 2008. 耕作方式对黄绵土水稳定性团聚体形成的影响[J]. 土壤通报, 39(3): 480-484.
李凤民, 鄢珣, 王俊, 等. 2001. 地膜覆盖导致春小麦产量下降的机理[J]. 中国农业科学, 34(3): 330-333.
李皎，王永翔，高岩，等. 2014. 土壤质量评价方法研究进展[J]. 山西科技, 29(5): 60-61.
李洁静, 潘根兴, 李恋卿, 等. 2009. 红壤丘陵双季稻稻田农田生态系统不同施肥下碳汇效应及收益评估[J]. 农业环境科学学报, 28(12): 2520-2525.
李景, 吴会军, 武雪萍, 等. 2015. 长期保护性耕作提高土壤大团聚体含量及团聚体有机碳的作用[J]. 植物营养与肥料学报, 21(2): 378-386.
李萍, 郝兴宇, 宗毓铮, 等. 2017. 不同耕作措施对雨养冬小麦碳足迹的影响[J]. 中国生态农业学报, 25(6): 839-847.
李廷亮, 谢英荷, 洪坚平, 等. 2013. 施氮量对晋南旱地冬小麦光合特性、产量及氮素利用的影响[J]. 作物学报, 39(4): 704-711.
梁爱珍, 张晓平, 杨学明, 等. 2006. 耕作方式对耕层黑土有机碳库储量的短期影响[J]. 中国农业科学, 39(6): 1287-1293.
梁爱珍, 张晓平, 杨学明, 等. 2009. 耕作对东北黑土团聚体粒级分布及其稳定性的短期影响[J]. 土壤学报, 46(1): 154-158.
梁金凤, 齐庆振, 贾小红, 等. 2010. 不同耕作方式对土壤性质与玉米生长的影响研究[J]. 生态环境学报, 19(4): 945-950.
刘全全, 王俊, 陈荣荣, 等. 2015. 黄土高原冬小麦田土壤 $CH_4$ 通量对人工降水的短期响应[J]. 应用生态学报, 26(1): 140-146.
刘威, 张国英, 张静, 等. 2015. 2 种保护性耕作措施对农田土壤团聚体稳定性的影响[J]. 水土保持学报, 29(3): 117-122.
刘巽浩, 徐文修, 李增嘉, 等. 2013. 农田生态系统碳足迹法: 误区、改进与应用——兼析中国集约农作碳效率[J]. 中国农业资源与区划, 34(6): 1-11.
刘巽浩, 徐文修, 李增嘉, 等. 2014. 农田生态系统碳足迹法:误区、改进与应用——兼析中国集约农作碳效率（续）[J]. 中国农业资源与区划, 35(1): 1-7.
鲁如坤. 2000. 土壤农业化学分析方法[M]. 北京: 中国农业科技出版社.
任庆亚, 褚彦朝, 褚清河, 等. 2016. 我国主要作物区域配方肥配方及应用中存在的问题[J]. 山西农业科学, 44(2): 199-203.

山西省统计局，国家统计局山西调查总队. 2021. 山西统计年鉴 2020[M]. 北京：中国统计出版社.

石建军，张成荣. 2016. 运城市小麦宽窄行探墒沟播技术的推广成效及经验启示[J]. 农业技术与装备，(4): 35-36.

孙国峰，徐尚起，张海林，等. 2010. 轮耕对双季稻田耕层土壤有机碳储量的影响[J]. 中国农业科学，43(18): 3776-3783.

孙建，刘苗，李立军，等. 2010. 不同耕作方式对内蒙古旱作农田土壤性状及作物产量的影响[J]. 生态学杂志，29(2): 295-302.

唐晓红，魏朝富，吕家恪，等. 2009. 保护性耕作对丘陵区水稻土团聚体稳定性的影响[J]. 农业工程学报，25(11): 49-54.

王丙文，迟淑筠，田慎重，等. 2013. 不同留茬高度秸秆还田冬小麦田甲烷吸收及影响因素[J]. 农业工程学报，29(5): 170-178.

王俊，李凤民，宋秋华，等. 2003. 地膜覆盖对土壤水温和春小麦产量形成的影响[J]. 应用生态学报，14(2): 205-210.

王占彪，王猛，陈阜. 2015. 华北平原作物生产碳足迹分析[J]. 中国农业科学，48(1): 83-92.

魏燕华，赵鑫，翟云龙，等. 2013. 耕作方式对华北农田土壤固碳效应的影响[J]. 农业工程学报，29(17): 87-95.

武均，蔡立群，罗珠珠，等. 2014. 保护性耕作对陇中黄土高原雨养农田土壤物理性状的影响[J]. 水土保持学报，28(2): 112-117.

徐小明. 2015. 基于非线性规划的冬小麦生产碳足迹优化研究[J]. 环境科学学报，35(8): 2648-2654.

薛建福，赵鑫，Shadrack B D，等. 2013. 保护性耕作对农田碳、氮效应的影响研究进展[J]. 生态学报，33(19): 6006-6013.

薛建福. 2015. 耕作措施对南方双季稻田碳、氮效应的影响[D]. 中国农业大学博士学位论文.

严昌荣，刘恩科，何文清，等. 2010. 耕作措施对土壤有机碳和活性有机碳的影响[J]. 中国土壤与肥料，(6): 58-63.

杨培岭，罗远培，石元春. 1993. 用粒径的重量分布表征的土壤分形特征[J]. 科学通报，38(20): 1896-1899.

杨长刚，柴守玺，常磊，等. 2015. 不同覆膜方式对旱作冬小麦耗水特性及籽粒产量的影响[J]. 中国农业科学，48(4): 661-671.

张保华，刘子亭，何毓蓉，等. 2006. 应用分形维数研究土壤团聚体与低吸力段持水性的关系[J]. 土壤通报，37(5): 857-860.

张海林，秦耀东，朱文珊. 2003. 耕作措施对土壤物理性状的影响[J]. 土壤，(2): 140-144.

张海林，孙国峰，陈继康，等. 2009. 保护性耕作对农田碳效应影响研究进展[J]. 中国农业科学，42(12): 4275-4281.

张鹏，贾志宽，王维，等. 2012. 秸秆还田对宁南半干旱地区土壤团聚体特征的影响[J]. 中国农业科学，45(8): 1513-1520.

张淑芳, 柴守玺, 蔺艳春, 等. 2011. 冬小麦地膜覆盖的水分效应[J]. 甘肃农业大学学报, 46(2): 45-52.

张树清, 孙大鹏. 1998. 甘肃省旱作土壤蓄水保墒培肥综合技术[J]. 干旱地区农业研究, 16(3): 14-17.

张永涛, 汤天明, 李增印, 等. 2001. 地膜覆盖的水分生理生态效应[J]. 水土保持研究, 8(3): 45-47.

赵建波, 迟淑筠, 宁堂原, 等. 2008. 保护性耕作条件下小麦田 $N_2O$ 排放及影响因素研究[J]. 水土保持学报, 22(3): 196-200.

中华人民共和国农业部. 农业部关于印发《到 2020 年化肥使用量零增长行动方案》和《到 2020 年农药使用量零增长行动方案》的通知[DB/OL]. http://www.moa.gov.cn/zwllm/tzgg/tz/201503/t20150318_4444765.htm. [2017-07-18].

中华人民共和国国家统计局. 2017. 中国统计年鉴 2016[M]. 北京: 中国统计出版社.

周虎, 吕贻忠, 杨志臣, 等. 2007. 保护性耕作对华北平原土壤团聚体特征的影响[J]. 中国农业科学, 40(9): 1973-1979.

周艳翔, 吕茂奎, 谢锦升, 等. 2013. 深层土壤有机碳的来源、特征与稳定性[J]. 亚热带资源与环境学报, 8(1): 48-55.

Alakukku L, Weisskopf P, Chamen W C T, et al. 2003. Prevention strategies for field traffic-induced subsoil compaction: a review: Part 1. Machine/soil interactions[J]. Soil and Tillage Research, 73(1): 145-160.

Alvarez R, Alvarez C R, Daniel P E, et al. 1998. Nitrogen distribution in soil density fractions and its relation to nitrogen mineralisation under different tillage systems[J]. Australian Journal of Soil Research, 36(2): 247-256.

Alvarez R, Steinbach H S. 2009. A review of the effects of tillage systems on some soil physical properties, water content, nitrate availability and crops yield in the Argentine Pampas[J]. Soil and Tillage Research, 104(1): 1-15.

Andruschkewitsch R, Geisseler D, Koch H, et al. 2013. Effects of tillage on contents of organic carbon, nitrogen, water-stable aggregates and light fraction for four different long-term trials[J]. Geoderma, 192: 368-377.

Angers D A, Bolinder M A, Carter M R, et al. 1997. Impact of tillage practices on organic carbon and nitrogen storage in cool, humid soils of eastern Canada[J]. Soil and Tillage Research, 41(3): 191-201.

Anken T, Weisskopf P, Zihlmann U, et al. 2004. Long-term tillage system effects under moist cool conditions in Switzerland[J]. Soil and Tillage Research, 78(2): 171-183.

Baker J M, Ochsner T E, Venterea R T, et al. 2007. Tillage and soil carbon sequestration—What do we really know?[J]. Agriculture, Ecosystems and Environment, 118(1-4): 1-5.

Barreto R C, Madari B E, Maddock J E L, et al. 2009. The impact of soil management on aggregation, carbon stabilization and carbon loss as $CO_2$ in the surface layer of a Rhodic Ferralsol in Southern

Brazil[J]. Agriculture, Ecosystems and Environment, 132(3): 243-251.

Bhattacharyya R, Prakash V, Kundu S, et al. 2006. Effect of tillage and crop rotations on pore size distribution and soil hydraulic conductivity in sandy clay loam soil of the Indian Himalayas[J]. Soil and Tillage Research, 86(2): 129-140.

Blair G J, Lefroy R, Lisle L. 1995. Soil carbon fractions based on their degree of oxidation, and the development of a carbon management index for agricultural systems[J]. Australian Journal of Agricultural Research, 46(7): 1459-1466.

Blanco-Canqui H, Lal R. 2007. Soil and crop response to harvesting corn residues for biofuel production[J]. Geoderma, 141(3): 355-362.

Blanco-Canqui H, Lal R. 2008. No-tillage and soil-profile carbon sequestration: an on-farm assessment[J]. Soil Science Society of America Journal, 72(3): 693-701.

Blanco-Moure N, Moret-Fernández D, López M V. 2012. Dynamics of aggregate destabilization by water in soils under long-term conservation tillage in semiarid Spain[J]. Catena, 99: 34-41.

Braim M A, Chaney K, Hodgson D R. 1992. Effects of simplified cultivation on the growth and yield of spring barley on a sandy loam soil. 2. Soil physical properties and root growth; root: shoot relationships, inflow rates of nitrogen; water use[J]. Soil and Tillage Research, 22(1): 173-187.

Brown H J, Cruse R M, Erbach D C, et al. 1992. Tractive device effects on soil physical properties[J]. Soil and Tillage Research, 22(1): 41-53.

Cambardella C A, Elliott E T. 1992. Particulate soil organic-matter changes across a grassland cultivation sequence[J]. Soil Science Society of America Journal, 56(3): 777-783.

Castro Filho C, Lourenço A, Guimarães M D F, et al. 2002. Aggregate stability under different soil management systems in a red latosol in the state of Parana, Brazil[J]. Soil and Tillage Research, 65(1): 45-51.

Chabbi A, Lehmann J, Ciais P, et al. 2017. Aligning agriculture and climate policy[J]. Nature Climate Change, 7: 307-309.

Chan K Y, Heenan D P, Oates A. 2002. Soil carbon fractions and relationship to soil quality under different tillage and stubble management[J]. Soil and Tillage Research, 63(3): 133-139.

Chatskikh D, Olesen J E. 2007. Soil tillage enhanced $CO_2$ and $N_2O$ emissions from loamy sand soil under spring barley[J]. Soil and Tillage Research, 97(1): 5-18.

Chen H, Hou R, Gong Y, et al. 2009. Effects of 11 years of conservation tillage on soil organic matter fractions in wheat monoculture in Loess Plateau of China[J]. Soil and Tillage Research, 106(1): 85-94.

Cheng K, Pan G, Smith P, et al. 2011. Carbon footprint of China's crop production—An estimation using agro-statistics data over 1993–2007[J]. Agriculture, Ecosystems and Environment, 142(3): 231-237.

Cheng K, Yan M, Nayak D, et al. 2015. Carbon footprint of crop production in China: an analysis of National Statistics data[J]. The Journal of Agricultural Science, 153(03): 422-431.

Christensen B T. 1992. Physical fractionation of soil and organic matter in primary particle size and density separates.// Stewart B A. Advances in Soil Science[M]. New York: Springer: 1-90.

Christensen B T. 2001. Physical fractionation of soil and structural and functional complexity in organic matter turnover[J]. European Journal of Soil Science, 52(3): 345-353.

Coppens F, Merckx R, Recous S. 2006. Impact of crop residue location on carbon and nitrogen distribution in soil and in water-stable aggregates[J]. European Journal of Soil Science, 57(4): 570-582.

Corral-Fernández R, Parras-Alcántara L, Lozano-García B. 2013. Stratification ratio of soil organic C, N and C:N in Mediterranean evergreen oak woodland with conventional and organic tillage[J]. Agriculture, Ecosystems and Environment, 164: 252-259.

D'Andréa A F, Silva M L N, Curi N, et al. 2004. Estoque de carbono e nitrogênio e formas de nitrogênio mineral em um solo submetido a diferentes sistemas de manejo[J]. Pesquisa Agropecuária Brasileira, 39: 179-186.

Dai J, Dong H. 2014. Intensive cotton farming technologies in China: achievements, challenges and countermeasures[J]. Field Crops Research, 155: 99-110.

Dalal R C, Allen D E, Wang W J, et al. 2011. Organic carbon and total nitrogen stocks in a Vertisol following 40 years of no-tillage, crop residue retention and nitrogen fertilisation[J]. Soil and Tillage Research, 112(2): 133-139.

Dam R F, Mehdi B B, Burgess M S E, et al. 2005. Soil bulk density and crop yield under eleven consecutive years of corn with different tillage and residue practices in a sandy loam soil in central Canada[J]. Soil and Tillage Research, 84(1): 41-53.

Davidson E A, Janssens I A. 2006. Temperature sensitivity of soil carbon decomposition and feedbacks to climate change[J]. Nature, 440: 165-173.

de Moraes Sá J C, Bürkner Dos Santos J, Lal R, et al. 2013. Soil-specific inventories of landscape carbon and nitrogen stocks under no-till and native vegetation to estimate carbon offset in a subtropical ecosystem[J]. Soil Science Society of America Journal, 77(6): 2094.

de Oliveira Ferreira A, Jorge Carneiro Amado T, Da Silveira Nicoloso R, et al. 2013. Soil carbon stratification affected by long-term tillage and cropping systems in southern Brazil[J]. Soil and Tillage Research, 133: 65-74.

Derpsch R, Franzluebbers A J, Duiker S W, et al. 2014. Why do we need to standardize no-tillage research? [J]. Soil and Tillage Research, 137: 16-22.

Díaz-Zorita M, Grove J H. 2002. Duration of tillage management affects carbon and phosphorus stratification in phosphatic Paleudalfs[J]. Soil and Tillage Research, 66(2): 165-174.

Diekow J, Mielniczuk J, Knicker H, et al. 2005. Soil C and N stocks as affected by cropping systems and nitrogen fertilisation in a southern Brazil Acrisol managed under no-tillage for 17 years[J]. Soil and Tillage Research, 81(1): 87-95.

Dikgwatlhe S B, Kong F L, Chen Z D, et al. 2014. Tillage and residue management effects on temporal changes in soil organic carbon and fractions of a silty loam soil in the North China Plain[J]. Soil Use and Management, 30(4): 496-506.

Ding G, Liu X, Herbert S, et al. 2006. Effect of cover crop management on soil organic matter[J]. Geoderma, 130(3): 229-239.

Dong G, Mao X, Zhou J, et al. 2013. Carbon footprint accounting and dynamics and the driving forces of agricultural production in Zhejiang Province, China[J]. Ecological Economics, 91: 38-47.

Dubey A, Lal R. 2009. Carbon footprint and sustainability of agricultural production systems in Punjab, India, and Ohio, USA[J]. Journal of Crop Improvement, 23(4): 332-350.

Dumanski J, Desjardins R L, Tarnocai C, et al. 1998. Possibilities for future carbon sequestration in Canadian agriculture in relation to land use changes[J]. Climatic Change, 40(1): 81-103.

Edwards J H, Wood C W, Thurlow D L, et al. 1992. Tillage and crop rotation effects on fertility Status of a Hapludult soil[J]. Soil Science Society of America Journal, 56(5): 1577.

Eivazi F, Tabatabai M A. 1988. Glucosidases and galactosidases in soils[J]. Soil Biology and Biochemistry, 20(5): 601-606.

Ellert B H, Bettany J R. 1995. Calculation of organic matter and nutrients stored in soils under contrasting management regimes[J]. Canadian Journal of Soil Science, 75(4): 529-538.

Elliott E T. 1986. Aggregate structure and carbon, nitrogen, and phosphorus in native and cultivated soils[J]. Soil Science Society of America Journal, 50(3): 627-633.

Fang K, Heijungs R, de Snoo G R. 2014. Theoretical exploration for the combination of the ecological, energy, carbon, and water footprints: overview of a footprint family[J]. Ecological Indicators, 36: 508-518.

Filho O G, Blanco-Canqui H, Da Silva A P. 2013. Least limiting water range of the soil seedbed for long-term tillage and cropping systems in the central Great Plains, USA[J]. Geoderma, 207: 99-110.

Finkbeiner M. 2009. Carbon footprinting—opportunities and threats[J]. The International Journal of Life Cycle Assessment, 14(2): 91-94.

Franzluebbers A J, Hons F M, Zuberer D A. 1994. Long-term changes in soil carbon and nitrogen pools in wheat management systems[J]. Soil Science Society of America Journal, 58(6): 1639.

Franzluebbers A J, Schomberg H H, Endale D M. 2007. Surface-soil responses to paraplowing of long-term no-tillage cropland in the Southern Piedmont USA[J]. Soil and Tillage Research, 96(1): 303-315.

Franzluebbers A J. 2002. Soil organic matter stratification ratio as an indicator of soil quality[J]. Soil and Tillage Research, 66(2): 95-106.

Franzluebbers A J. 2004. Tillage and residue management effects on soil organic matter.// Magdoff F, Weil R R. Soil Organic Matter in Sustainable Agriculture[M]. Boca Raton: CRC Press: 227-268

Gan Y T, Liang C, Huang G B, et al. 2012a. Carbon footprint of canola and mustard is a function of the rate of N fertilizer[J]. The International Journal of Life Cycle Assessment, 17(1): 58-68

Gan Y T, Liang C, Wang X Y, et al. 2011. Lowering carbon footprint of durum wheat by diversifying cropping systems[J]. Field Crops Research, 122(3): 199-206.

Gan Y, Liang C, Campbell C A, et al. 2012b. Carbon footprint of spring wheat in response to fallow frequency and soil carbon changes over 25 years on the semiarid Canadian prairie[J]. European Journal of Agronomy, 43: 175-184.

Gan Y, Liang C, Chai Q, et al. 2014. Improving farming practices reduces the carbon footprint of spring wheat production[J]. Nature Communications, 5: 5012.

Gan Y, Liang C, Huang G, et al. 2012c. Carbon footprint of canola and mustard is a function of the rate of N fertilizer[J]. The International Journal of Life Cycle Assessment, 17(1): 58-68.

Gan Y, Liang C, May W, et al. 2012d. Carbon footprint of spring barley in relation to preceding oilseeds and N fertilization[J]. The International Journal of Life Cycle Assessment, 17(5): 635-645.

Gosling P, Parsons N, Bending G D. 2013. What are the primary factors controlling the light fraction and particulate soil organic matter content of agricultural soils?[J]. Biology and Fertility of Soils, 49(8): 1001-1014.

Gregorich E G, Monreal C M, Carter M R, et al. 1994. Towards a minimum data set to assess soil organic matter quality in agricultural soils[J]. Canadian Journal of Soil Science, 74(4): 367-385.

Haynes R J. 2000. Labile organic matter as an indicator of organic matter quality in arable and pastoral soils in New Zealand[J]. Soil Biology and Biochemistry, 32(2): 211-219.

He J, Wang Q, Li H, et al. 2009. Soil physical properties and infiltration after long-term no-tillage and ploughing on the Chinese Loess Plateau[J]. New Zealand Journal of Crop and Horticultural Science, 37(3): 157-166.

Hernández-Hernández R M, López-Hernández D. 2002. Microbial biomass, mineral nitrogen and carbon content in savanna soil aggregates under conventional and no-tillage[J]. Soil Biology and Biochemistry, 34(11): 1563-1570.

Hillier J, Hawes C, Squire G, et al. 2009. The carbon footprints of food crop production[J]. International Journal of Agricultural Sustainability, 7(2): 107-118.

Hooker B A, Morris T F, Peters R, et al. 2005. Long-term effects of tillage and corn stalk return on soil carbon dynamics[J]. Soil Science Society of America Journal, 69(1): 188.

Huang G, Chai Q, Feng F, et al. 2012. Effects of different tillage systems on soil properties, root growth, grain yield, and water use efficiency of winter wheat (*Triticum aestivum* L.) in arid Northwest China[J]. Journal of Integrative Agriculture, 11(8): 1286-1296.

Huang J, Yu H, Guan X, et al. 2016. Accelerated dryland expansion under climate change[J]. Nature Climate Change, 6: 166-171.

IPCC. 2006. 2006 IPCC Guidelines for National Greenhouse Gas Inventories[M]. Kansai: Institute for Global Environmental Strategies.

IPCC. 2013. Climate Change 2013: The Physical Science Basis. Contribution of Working Group I to the Fifth Assessment Report of the Intergovernmental Panel on Climate Change[M]. Cambridge: Cambridge University Press.

ISO. 2013. TS 14067: 2013: Greenhouse gases-Carbon footprint of products-requirements and guidelines for quantification and communication[S]. Geneva, Switzerland: International Organization for Standardization.

Jenny H. 1941. Factors of Soil Formation: a System of Quantitative Pedology[M]. New York: Dover Publications, Inc.

Kahlon M S, Lal R, Ann-Varughese M. 2013. Twenty two years of tillage and mulching impacts on soil physical characteristics and carbon sequestration in Central Ohio[J]. Soil and Tillage Research, 126: 151-158.

Kay B D, VandenBygaart A J. 2002. Conservation tillage and depth stratification of porosity and soil organic matter[J]. Soil and Tillage Research, 66(2): 107-118.

Koch H, Andruschkewitsch R, Ludwig B. 2014. Effect of long-term tillage treatments on the temporal dynamics of water-stable aggregates and on macro-aggregate turnover at three German sites[J]. Geoderma, 217-218: 57-64.

Lal R, Mahboubi A A, Fausey N R. 1994. Long-term tillage and rotation effects on properties of a Central Ohio soil[J]. Soil Science Society of America Journal, 58(2): 517.

Lal R. 1997. Residue management, conservation tillage and soil restoration for mitigating greenhouse effect by $CO_2$-enrichment[J]. Soil and Tillage Research, 43(1): 81-107.

Lal R. 2004a. Carbon sequestration in dryland ecosystems[J]. Environmental Management, 33(4): 528-544.

Lal R. 2004b. Soil carbon sequestration impacts on global climate change and food security[J]. Science, 304: 1623.

Lal R. 2015. Restoring soil quality to mitigate soil degradation[J]. Sustainability, 7(5): 5875-5895

Lal R. 2018. Digging deeper: a holistic perspective of factors affecting soil organic carbon sequestration in agroecosystems[J]. Global Change Biology, 24: 3285-3301.

Li H, Gao H, Wu H, et al. 2007. Effects of 15 years of conservation tillage on soil structure and productivity of wheat cultivation in northern China[J]. Soil Research, 45(5): 344-350.

Li Y Y, Shao M A. 2006. Change of soil physical properties under long-term natural vegetation restoration in the Loess Plateau of China[J]. Journal of Arid Environments, 64(1): 77-96.

Lin J T, Hu Y C, Cui S H, et al. 2015. Carbon footprints of food production in China (1979—2009)[J]. Journal of Cleaner Production, 90: 97-103.

Liu E K, Teclemariam S G, Yan C R, et al. 2014. Long-term effects of no-tillage management practice on soil organic carbon and its fractions in the northern China[J]. Geoderma, 213: 379-384.

Loginow W, Wisniewski W, Gonet S S, et al. 1987. Fractionation of organic carbon based on susceptibility to oxidation[J]. Polish Journal of Soil Science, 20(1): 47-52.

López-Fando C, Pardo M T. 2012. Use of a partial-width tillage system maintains benefits of no-tillage in increasing total soil nitrogen[J]. Soil and Tillage Research, 118: 32-39.

Lorenz K, Lal R. 2005. The depth distribution of soil organic carbon in relation to land use and management and the potential of carbon sequestration in subsoil horizons[J]. Advances in Agronomy, 88: 35-66.

Lou Y, Xu M, Chen X, et al. 2012. Stratification of soil organic C, N and C:N ratio as affected by conservation tillage in two maize fields of China[J]. Catena, 95: 124-130.

Lu F, Wang X, Han B, et al. 2009. Soil carbon sequestrations by nitrogen fertilizer application, straw return and no-tillage in China's cropland[J]. Global Change Biology, 15(2): 281-305.

Malhi S S, Nyborg M, Goddard T, et al. 2011. Long-term tillage, straw management and N fertilization effects on quantity and quality of organic C and N in a Black Chernozem soil[J]. Nutrient Cycling in Agroecosystems, 90(2): 227-241.

Martino D L, Shaykewich C F. 1994. Root penetration profiles of wheat and barley as affected by soil penetration resistance in field conditions[J]. Canadian Journal of Soil Science, 74(2): 193-200.

Mbagwu J S C. 1989. Effect of tillage measure on soil aggregate properties[J]. Soil Use and Management, 5(4): 180-187.

McGarry D C S A. 1988. Quantification of the effects of zero and mechanical tillage on a vertisol by using shrinkage curve indices [soil physical properties][J]. Australian Journal of Soil Research, 26(3): 537-542.

Melero S, López-Bellido R J, López-Bellido L, et al. 2012. Stratification ratios in a rainfed Mediterranean Vertisol in wheat under different tillage, rotation and N fertilisation rates[J]. Soil and Tillage Research, 119: 7-12.

Mishra U, Ussiri D A N, Lal R. 2010. Tillage effects on soil organic carbon storage and dynamics in Corn Belt of Ohio USA[J]. Soil and Tillage Research, 107(2): 88-96.

Moreno F, Murillo J M, Pelegrín F, et al. 2006. Long-term impact of conservation tillage on stratification ratio of soil organic carbon and loss of total and active $CaCO_3$[J]. Soil and Tillage Research, 85(1-2): 86-93.

Mrabet R. 2002. Stratification of soil aggregation and organic matter under conservation tillage systems in Africa[J]. Soil and Tillage Research, 66(2): 119-128.

Okalebo J R, Gathua K W, Woomer P L. 2002. Laboratory Methods of Soil and Plant Analysis: A Working Manual [M]. The second edition. Africa, Nairobi, Kenya: TSBF-CIAT and SACRED.

Or D, Ghezzehei T A. 2002. Modeling post-tillage soil structural dynamics: a review[J]. Soil and Tillage Research, 64(1): 41-59.

Pathak H, Jain N, Bhatia A, et al. 2010. Carbon footprints of Indian food items[J]. Agriculture, Ecosystems and Environment, 139(1-2): 66-73.

Paustian K, Collins H P, Paul E A. 1997. Management Controls on Soil Carbon[M]. Boca Raton, FL, USA: CRC Press.

Peña-Sancho C, López M V, Gracia R, et al. 2017. Effects of tillage on the soil water retention curve during a fallow period of a semiarid dryland[J]. Soil Research, 55(2): 114-123.

Pires L F, Borges J A R, Rosa J A, et al. 2017. Soil structure changes induced by tillage systems[J]. Soil and Tillage Research, 165: 66-79.

Plante A F, McGill W B. 2002. Soil aggregate dynamics and the retention of organic matter in laboratory-incubated soil with differing simulated tillage frequencies[J]. Soil and Tillage Research, 66(1): 79-92.

Prescott C E, Weetman G F, DeMontigny L E, et al. 1995. Carbon chemistry and nutrient supply in cedar-hemlock and hemlock-amabilis fir forest floors.// McFee W W, Kelly J M. Carbon Forms and Functions in Forest Soils[M]. Madison, Wisconsin USA: Soil Science Society of America, Inc. 377-396.

Puget P, Lal R. 2005. Soil organic carbon and nitrogen in a Mollisol in central Ohio as affected by tillage and land use[J]. Soil and Tillage Research, 80(1-2): 201-213.

Qin R, Stamp P, Richner W. 2006. Impact of tillage on maize rooting in a Cambisol and Luvisol in Switzerland[J]. Soil and Tillage Research, 85(1-2): 50-61.

Sá J C D M, Lal R. 2009. Stratification ratio of soil organic matter pools as an indicator of carbon sequestration in a tillage chronosequence on a Brazilian Oxisol[J]. Soil and Tillage Research, 103(1): 46-56.

Salem H M, Valero C, Muñoz M Á, et al. 2015. Short-term effects of four tillage practices on soil physical properties, soil water potential, and maize yield[J]. Geoderma, 237-238: 60-70.

Sanderman J, Hengl T, Fiske G J. 2017. Soil carbon debt of 12,000 years of human land use[J]. Proceedings of the National Academy of Sciences, 114: 9575-9580.

Santos N Z D, Dieckow J, Bayer C, et al. 2011. Forages, cover crops and related shoot and root additions in no-till rotations to C sequestration in a subtropical Ferralsol[J]. Soil and Tillage Research, 111(2): 208-218.

Schffer B, Attinger W, Schulin R. 2007. Compaction of restored soil by heavy agricultural machinery-Soil physical and mechanical aspects[J]. Soil and Tillage Research, 93(1): 28-43.

Sequeira C H, Alley M M, Jones B P. 2011. Evaluation of potentially labile soil organic carbon and nitrogen fractionation procedures[J]. Soil Biology and Biochemistry, 43(2): 438-444.

Shukla M K, Lal R, Owens L B, et al. 2003. Land use and management impacts on structure and infiltration characteristics of soils in the north appalachian region of Ohio[J]. Soil Science, 168(3): 167-177.

Six J, Elliott E T, Paustian K, et al. 1998. Aggregation and soil organic matter accumulation in cultivated and native grassland soils[J]. Soil Science Society of America Journal, 62(5): 1367.

Six J, Elliott E T, Paustian K. 1999. Aggregate and soil organic matter dynamics under conventional and no-tillage systems[J]. Soil Science Society of America Journal, 63(5): 1350-1358

Six J, Elliott E T, Paustian K. 2000. Soil macroaggregate turnover and microaggregate formation: a mechanism for C sequestration under no-tillage agriculture[J]. Soil Biology and Biochemistry, 32(14): 2099-2103.

Smith P, Powlson D S, Glendining M J, et al. 1998. Preliminary estimates of the potential for carbon mitigation in European soils through no-till farming[J]. Global Change Biology, 4(6): 679-685.

Sohi S P, Mahieu N, Arah J R, et al. 2001. A procedure for isolating soil organic matter fractions suitable for modeling[J]. Soil Science Society of America Journal, 65(4): 1121-1128.

Strudley M, Green T, Ascoughii J. 2008. Tillage effects on soil hydraulic properties in space and time: State of the science[J]. Soil and Tillage Research, 99(1): 4-48.

Tan Z, Lal R, Owens L, et al. 2007. Distribution of light and heavy fractions of soil organic carbon as related to land use and tillage practice[J]. Soil and Tillage Research, 92(1): 53-59.

Tuzzin De Moraes M, Debiasi H, Carlesso R, et al. 2016. Soil physical quality on tillage and cropping systems after two decades in the subtropical region of Brazil[J]. Soil and Tillage Research, 155(Supplement C): 351-362.

Ussiri D A N, Lal R. 2009. Long-term tillage effects on soil carbon storage and carbon dioxide emissions in continuous corn cropping system from an alfisol in Ohio[J]. Soil and Tillage Research, 104(1): 39-47.

VandenBygaart A J, Gregorich E G, Angers D A. 2003. Influence of agricultural management on soil organic carbon: A compendium and assessment of Canadian studies[J]. Canadian Journal of Soil Science, 83(4): 363-380.

Varvel G E, Wilhelm W W. 2011. No-tillage increases soil profile carbon and nitrogen under long-term rainfed cropping systems[J]. Soil and Tillage Research, 114(1): 28-36.

Virto I, Barré P, Burlot A, et al. 2012. Carbon input differences as the main factor explaining the variability in soil organic C storage in no-tilled compared to inversion tilled agrosystems[J]. Biogeochemistry, 108(1-3): 17-26.

Wander M M, Bidart M G, Aref S. 1998. Tillage impacts on depth distribution of total and particulate organic matter in three Illinois soils[J]. Soil Science Society of America Journal, 62(6): 1704-1711.

Wang L, Chen J, Shangguan Z. 2015a. Yield responses of wheat to mulching practices in dryland farming on the Loess Plateau[J]. PLoS One, 10(5): e127402.

Wang W, Guo L, Li Y, et al. 2015b. Greenhouse gas intensity of three main crops and implications for low-carbon agriculture in China[J]. Climatic Change, 128: 57-70.

Wang X, Wu H, Dai K, et al. 2012. Tillage and crop residue effects on rainfed wheat and maize production in northern China[J]. Field Crops Research, 132: 106-116.

West T O, Marland G. 2002. Net carbon flux from agricultural ecosystems: methodology for full carbon cycle analyses[J]. Environmental Pollution, 116(3): 439-444.

West T O, Post W M. 2002. Soil organic carbon sequestration rates by tillage and crop rotation[J]. Soil Science Society of America Journal, 66(6): 1930-1946.

West T O, Six J. 2007. Considering the influence of sequestration duration and carbon saturation on estimates of soil carbon capacity[J]. Climatic Change, 80(1-2): 25-41.

Wheeler T, von Braun J. 2013. Climate change impacts on global food security[J]. Science, 341(6145): 508-513.

Wiedmann T, Minx J. 2008. A definition of 'carbon footprint'.// Pertsova C C. Ecological Economics Research Trends[M]. New York: Nova Science Publishers: 1-11.

Wilts A R, Reicosky D C, Allmaras R R, et al. 2004. Long-term corn residue effects: harvest alternatives, soil carbon turnover, and root-derived carbon[J]. Soil Science Society of America Journal, 68(4): 1342-1351.

Wuest S. 2014. Seasonal variation in soil organic carbon[J]. Soil Science Society of America Journal, 78(4): 1442-1447.

Xiao G, Zhang Q, Yao Y, et al. 2007. Effects of temperature increase on water use and crop yields in a pea–spring wheat–potato rotation[J]. Agricultural Water Management, 91(1-3): 86-91.

Xu X, Zhang B, Liu Y, et al. 2013. Carbon footprints of rice production in five typical rice districts in China[J]. Acta Ecologica Sinica, 33(4): 227-232.

Xue J, Liu S, Chen Z, et al. 2014. Assessment of carbon sustainability under different tillage systems in a double rice cropping system in Southern China[J]. The International Journal of Life Cycle Assessment, 19(9): 1581-1592.

Yan M, Cheng K, Luo T, et al. 2015. Carbon footprint of grain crop production in China-based on farm survey data[J]. Journal of Cleaner Production, 104: 130-138.

Yang X, Gao W, Zhang M, et al. 2014. Reducing agricultural carbon footprint through diversified crop rotation systems in the North China Plain[J]. Journal of Cleaner Production, 76(Supplement C): 131-139.

Yang X, Wander M M. 1999. Tillage effects on soil organic carbon distribution and storage in a silt loam soil in Illinois[J]. Soil and Tillage Research, 52(1): 1-9.

Yao Y, Liu H, Huang J, et al. 2020. Accelerated dryland expansion regulates future variability in dryland gross primary production[J]. Nature communication, 11: 1665.

Zhang H, Lal R, Zhao X, et al. 2014. Opportunities and challenges of soil carbon sequestration by conservation agriculture in China[J]. Advances in Agronomy, 124: 1-36.

Zhang Z, Qiang H, McHugh A D, et al. 2016. Effect of conservation farming practices on soil organic matter and stratification in a mono-cropping system of Northern China[J]. Soil and Tillage Research, 156: 173-181.

Zhao J, Chen S, Hu R, et al. 2017. Aggregate stability and size distribution of red soils under different land uses integrally regulated by soil organic matter, and iron and aluminum oxides[J]. Soil and Tillage Research, 167(Supplement C): 73-79.

Zhao W, Gao Z, Sun M, et al. 2013. Effects of tillage during fallow period on soil water and wheat yield of dryland[J]. Journal of Food, Agriculture and Environment, 11(1): 609-613.

Zhao X, Liu S, Pu C, et al. 2016. Methane and nitrous oxide emissions under no-till farming in China: a meta-analysis[J]. Global Change Biology, 22(4): 1372-1384.

Zhao X, Zhang R, Xue J, et al. 2015. Management-induced changes to soil organic carbon in China: a meta-analysis[J]. Advanves in Agronomy, 134: 1-50.

Zotarelli L, Alves B J R, Urquiaga S, et al. 2007. Impact of tillage and crop rotation on light fraction and intra-aggregate soil organic matter in two Oxisols[J]. Soil and Tillage Research, 95(1-2): 196-206.

# 编 后 记

“博士后文库”是汇集自然科学领域博士后研究人员优秀学术成果的系列丛书。“博士后文库”致力于打造专属于博士后学术创新的旗舰品牌，营造博士后百花齐放的学术氛围，提升博士后优秀成果的学术影响力和社会影响力。

“博士后文库”出版资助工作开展以来，得到了全国博士后管委会办公室、中国博士后科学基金会、中国科学院、科学出版社等有关单位领导的大力支持，众多热心博士后事业的专家学者给予积极的建议，工作人员做了大量艰苦细致的工作。在此，我们一并表示感谢！

“博士后文库”编委会

